SPSSでやさしく学ぶ アンケート処理

[第5版]

石村 友二郎
加藤 千恵子 著
劉 晨
石村 貞夫 監修

東京図書株式会社

まえがき

よくあるアンケート処理の相談なのですが……

相談
その1

動物心理学を専攻している学生です。アンケート調査をして，動物たちが何を考えているか調べたいのですが，アンケート調査票の作り方は？

相談
その2

「アンケート調査をして，ペットの好みを調べなさい」と教授に言われたのですが，どうしたらいいのでしょう？

相談
その3

とりあえず，アンケート調査をしてみたのですが，データがたくさんありすぎて…….
どう分析していいのか困っています.

アンケート調査の悩みは果てしなく続きますね.

こんなとき，SPSS を使って，
いろいろな統計処理を試みてみましょう.

SPSS による統計処理は一瞬です！

たちどころに，あなたの悩みは解消されるでしょう!!

この本を書くにあたり，IBM SPSS の
牧野泰江さん，磯崎幸子さん，猪飼沙織さん，
東京図書編集部の宇佐美敦子さん，河原典子さんに
お世話になりました.
深く感謝いたします.

2019 年 11 月吉日
うさぎ島にて

著　者

◆本書では IBM SPSS Statistics 26 を使用しています.
SPSS 製品に関する問い合わせ先：
〒 103-8510 東京都中央区日本橋箱崎町 19-21
日本アイ・ビー・エム株式会社 クラウド事業本部 SPSS 営業部
Tel：03-5643-5500　Fax：03-3662-7461
URL http://www.ibm.com/analytics/jp/ja/technology/spss/

◆本書で扱っている統計処理の手法のうち，オプションモジュールが必要なものは，
以下のとおりです．
この他のものはすべて，IBM SPSS Statistics Base のみで分析が可能です．

7 章	コレスポンデンス分析	IBM SPSS Categories
12 章	ロジスティック回帰分析	IBM SPSS Regression
13 章	順序回帰分析	IBM SPSS Advanced Statistics
	多重応答分析	IBM SPSS Categories

◆本書で扱っているアンケート調査のデータ（SPSS ファイル）は
東京図書の Web サイト（http://www.tokyo-tosho.co.jp）から
ダウンロードすることができます．

もくじ

3章　グラフ表現でアンケートデータの特徴をつかもう

4章　相関分析で関係の強い項目を探してみよう

5章　クロス集計表から独立性の検定をしてみよう

6章　ノンパラメトリック検定でグループ間の差を調べよう

7章　コレスポンデンス分析でわかるカテゴリとカテゴリの対応

8章　主成分分析で総合的特性を求めてみよう

9章　因子分析で共通要因を探ってみよう

10章　クラスター分析で　データを分類してみよう

11章　判別分析で　重要な項目を探してみよう

12章　ロジスティック回帰分析で予測確率を計算してみよう

13章　一歩進んだカテゴリカルデータ分析

◆装幀　今垣知沙子
◆本文イラスト　石村多賀子

SPSSでやさしく学ぶアンケート処理

［第5版］

1章 アンケート調査票を作ってみよう

Section 1.1 好奇心からアンケート調査，そして研究へ！

●── 失敗しないアンケート調査の進め方は？

最近は，新聞・テレビ・雑誌など，いろいろな分野でさかんに

アンケート調査

がおこなわれています．

このようなアンケート調査の結果を見ていると

- 好きな動物のランキング
- かわいいペットのランキング

など興味深い内容でいっぱいですね！

アンケート調査は，いろいろな質問項目を用意して
相手の意見をたずねるだけなので，
だれにでも，カンタンにすぐできそうです．

でも，ここに落とし穴が……

誰もなんにも
言わないけれど……
アンケート調査の失敗って
多いものなのよね

では，どのようにすれば，

失敗しないアンケート調査

を進められるのでしょうか？

そこで，アンケート調査の流れがひと目でわかるように

アンケート調査の進め方のフローチャート

を，次のページに用意してみました.

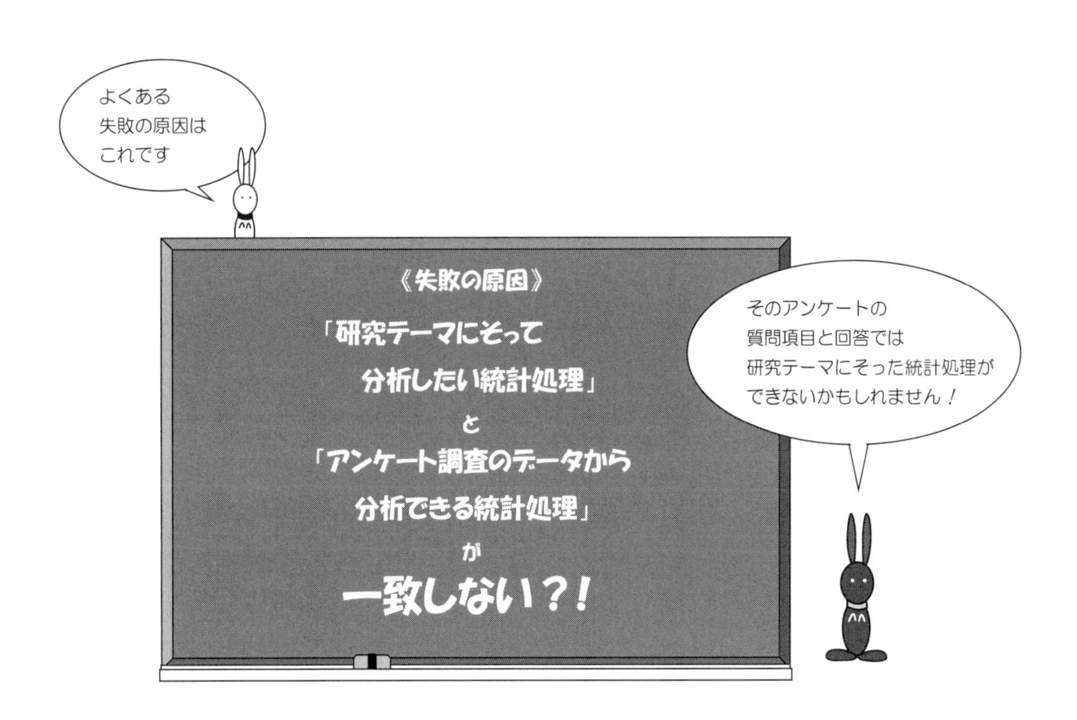

●── アンケート調査の進め方 ─フローチャート─

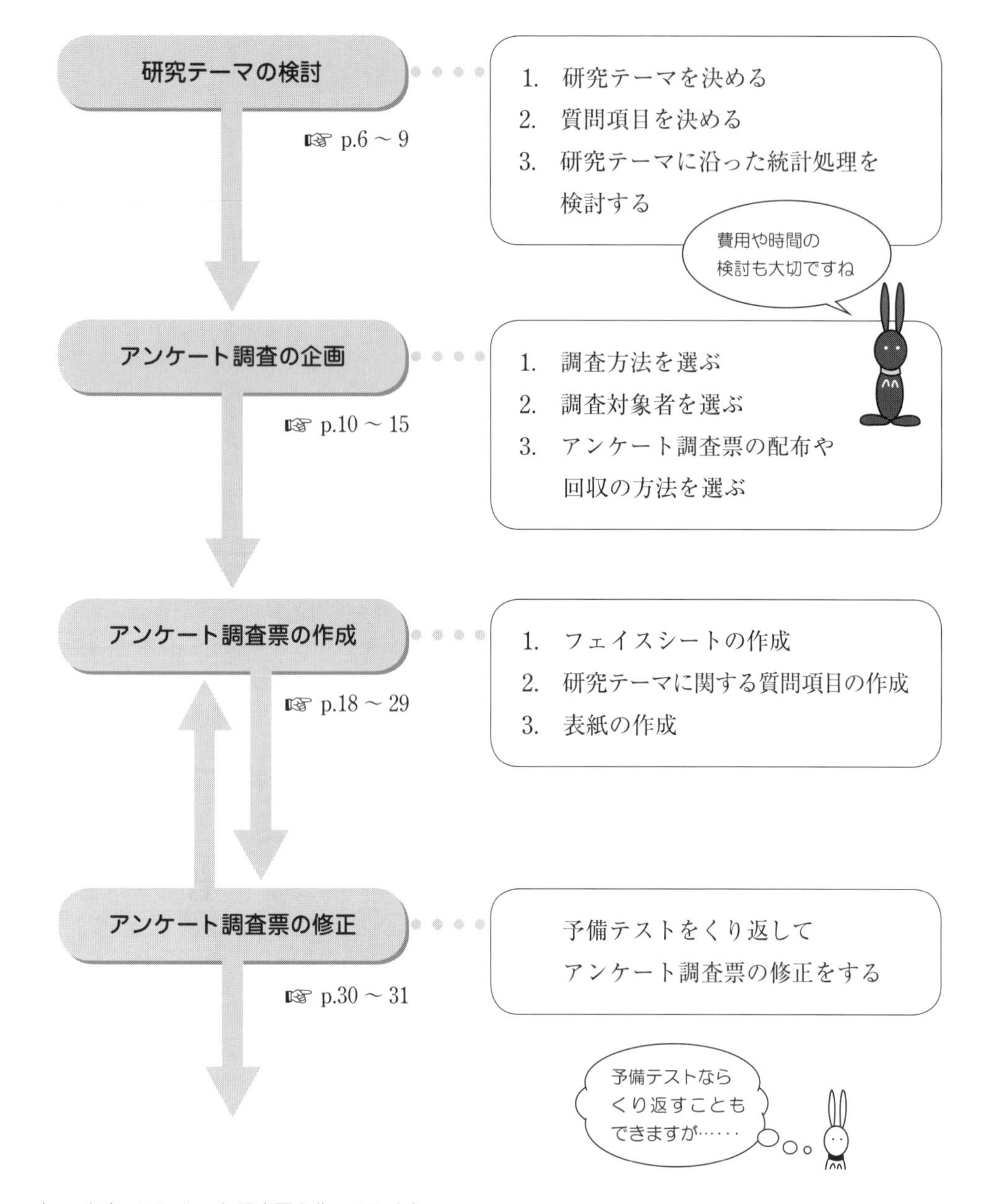

アンケート調査票の完成

☞ p.32 ～ 35

アンケート調査の開始

1. アンケート調査票の配布
2. アンケート調査票の回収

☞ p.36 ～ 37

調査データの入力

1. 調査データの整理をする
2. 調査データの入力をする
3. 調査データのクリーニングをする

☞ 2 章

データ入力の終わりが
統計処理の始まりです

調査データの統計処理

1. 調査データの集計
2. 調査データの統計処理

☞ 3 ～ 13 章

論文の作成

1. 研究の目的
2. アンケート調査の結果と考察

☞ p.38 ～ 39

文献・資料の紹介も
最後にお忘れなく！

Section 1.2 研究テーマを決めよう

研究テーマを，どのように決めればいいのでしょうか？

●── 先行研究から研究テーマへ！

自分にとって興味のあること，それが研究テーマです．

たとえば，ウサギが好きな人であれば

- ウサギ
- ペットアレルギー
- ストレス
- 心の癒し

といった単語が，研究テーマのキーワードになります．

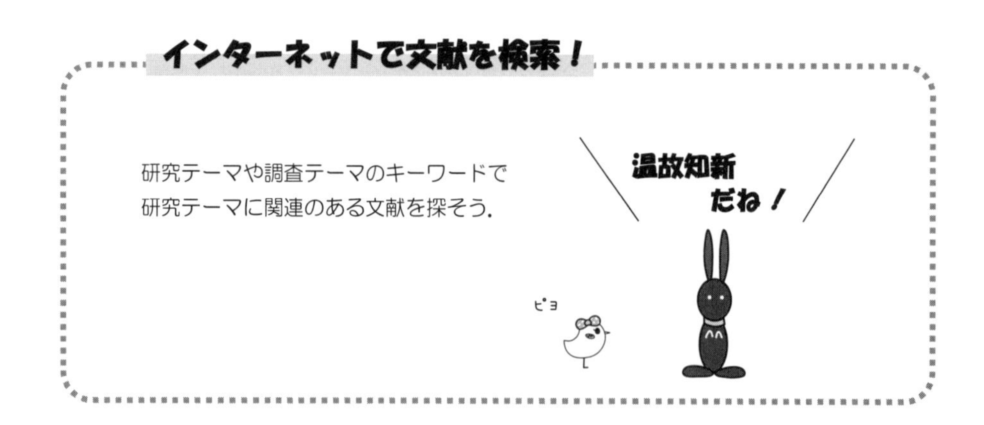

このような研究テーマのキーワードをもとに，関連のある本や論文を探します．

キーワードで本や論文を探すときは，インターネットや図書館などを
活用しましょう．

たくさんの本や論文を読むと，

- すでに明らかになっている研究結果
- まだ明らかになっていない疑問点

などが，浮かび上がり，
研究テーマが次第に明確になってきます．

文献探索は念入りに～

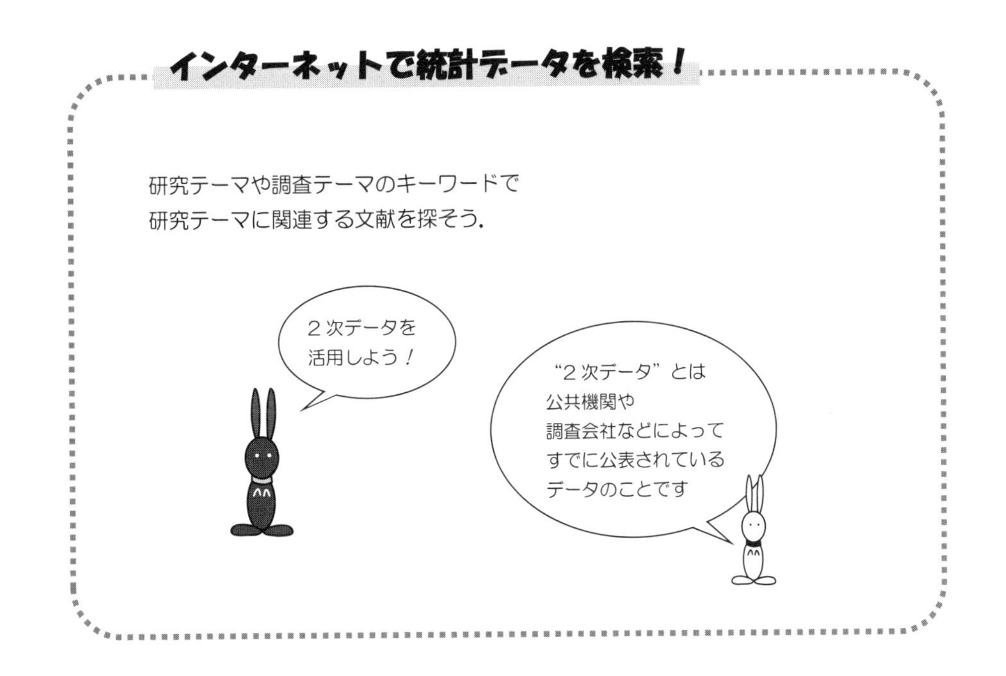

●── 研究テーマの決定と質問項目の作成

先行研究や先行研究の統計データから，

“まだ解明されていないことは何か？”

を検討し，研究テーマを決定します．

たとえば，研究テーマが，次のようになったとします．

- ペットを選択するとき何を重視するか？

- ペットと家族構成との関係は？

- ペットとアレルギーとの関係は？

- ペットとストレスとの関係は？

このようなテーマを基に，アンケート調査の質問項目を作ります．

たとえば，ペットの選択の場合……
質問項目は，次のようになります．

項目 A.　あなたは，ペットの種類を重視しますか？

項目 B.　あなたは，ペットの大きさを重視しますか？

項目 C.　あなたは，ペットの外見を重視しますか？

項目 D.　あなたは，ペットの鳴き声を重視しますか？

項目 E.　あなたは，ペットの性格を重視しますか？

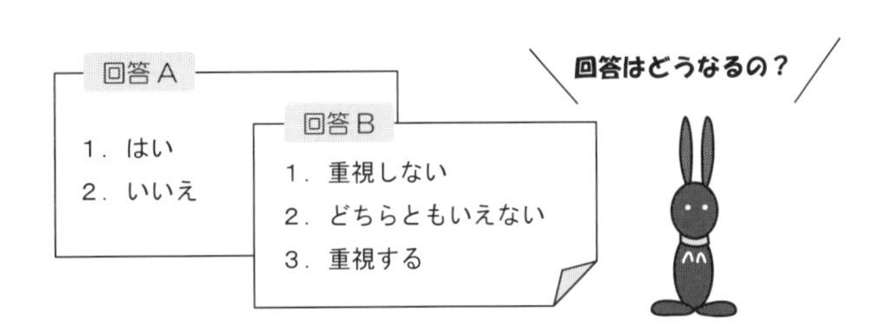

Section 1.3 アンケート調査の企画

研究テーマが決まると，アンケート調査の企画作りです．

●── 調査方法は 2 通りあります

【アンケート調査】

アンケート調査は，アンケート調査票を調査対象者に渡して
調査する項目の回答欄に記入してもらう方法です．

メリット 1.　すべての調査対象者に対して，同じ質問項目に回答してもらうので，いろいろな比較・検討に適しています．

メリット 2.　多くの人に同時に調査ができるので，時間も費用も比較的少なくてすみます．

デメリット 1.　調査をする人の意図が伝わらないことがあります．

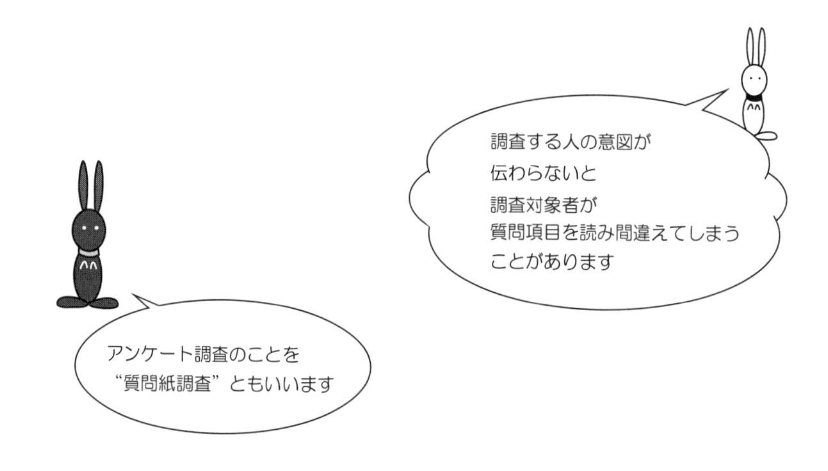

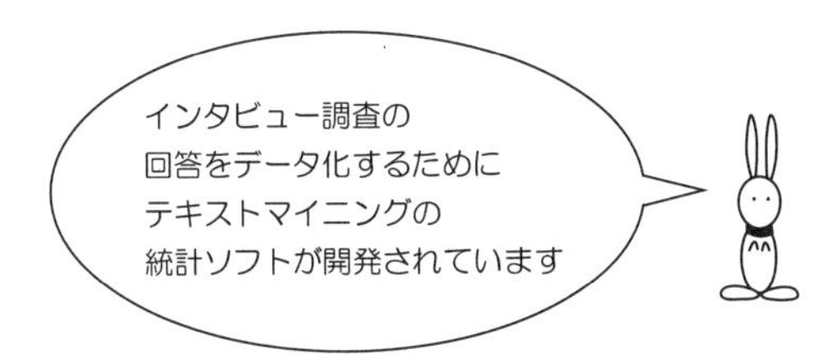

【聞き取り調査】

聞き取り調査とは，調査をする人が調査対象者に会って調査する項目を質問する方法です．

聞き取り調査では，アンケート調査と異なり，調査対象者の反応に応じて質問内容の変更や追加ができます．

メリット 1.　調査対象者の反応を観察できます．

メリット 2.　調査対象者の回答に応じて，質問内容の変更や追加ができます．

デメリット 1.　調査に多くの時間や費用がかかります．

●── 調査対象者の選び方

研究の対象となる人たちのことを**母集団**といいます．

この母集団から選ばれた人たちを**調査対象者**といい，
調査対象者を選ぶことを**サンプリング**といいます．

調査をおこなう場合，研究の対象となる人たち全員について
調査することは不可能なので，その中から何人かを無作為に選び出し，
その人たちに対してアンケート調査をおこないます．

この無作為に選ばれた人たちがサンプルです．

サンプリングの代表的な方法には，次のようなものがあります．

【単純無作為抽出法】 Simple random sampling method

研究の対象となる人たちに番号をつけ，乱数表などを使って
調査対象者を選ぶ方法です．

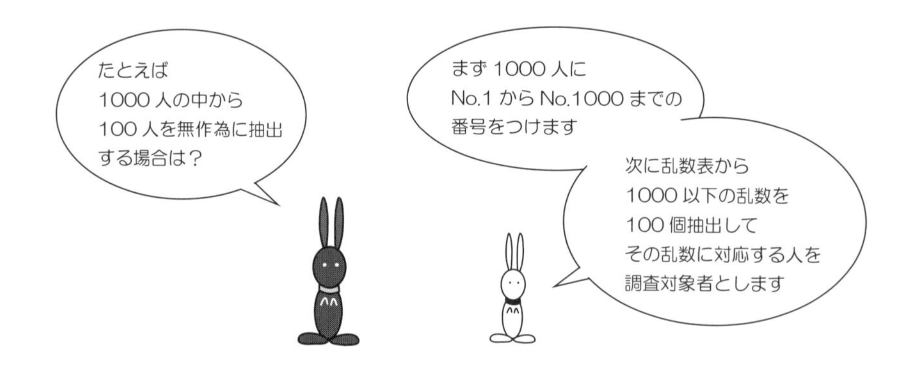

【層化抽出法】Stratified sampling method

研究の対象となる人たちをいくつかの層に分け，
その層別に調査対象者を選ぶ方法です．

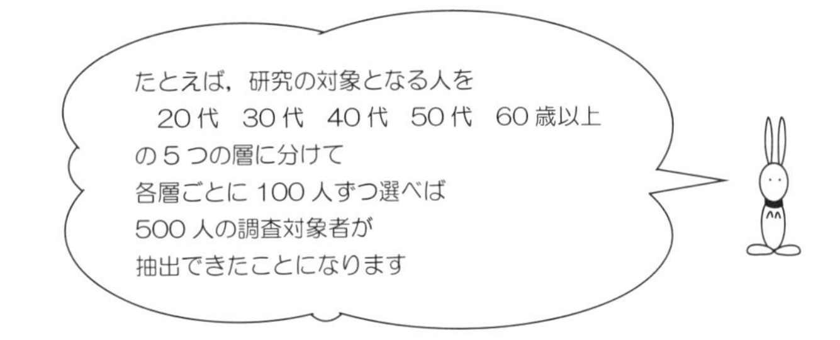

【系統抽出法】System extraction method

最初の調査対象者を無作為に選び，それ以降は等間隔で調査対象者を選ぶ方法です．

【多段抽出法】Multistage extraction method

研究の対象となる人たちから段階的に調査対象者を選ぶ方法です．

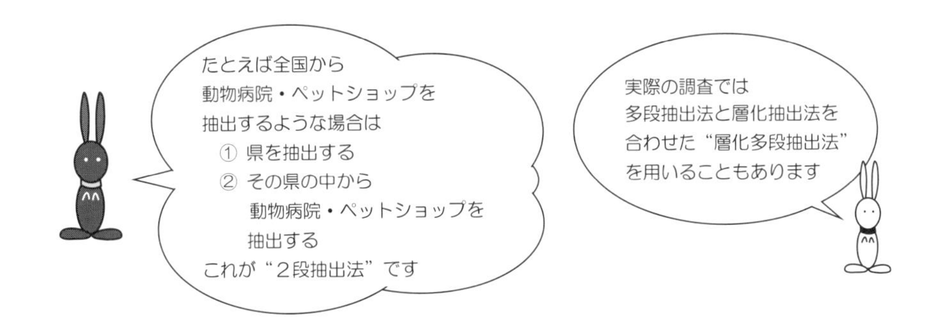

●── アンケート調査票の配布と回収の方法

アンケート調査票の配布と回収には，次のような方法があります．

【郵送調査法】

調査対象者にアンケート調査票を郵送し，回答してもらう方法です．

回答の回収率は低くなりますが，時間や費用は少なくてすむため，よく利用されています．

【電話調査法】

電話を利用して，調査をする人が質問項目を読み上げ，調査対象者に回答してもらう方法です．

費用や時間は少なくてすみますが，質問項目の数を減らす必要があります．

●その他に，……

調査をする人が調査対象者の所へ行き，アンケート調査票を渡し，あとで，回収する方法もあります．

●その他に，……

調査対象者を一か所に集め，その場でアンケート調査票を配布し回答してもらう方法もあります．

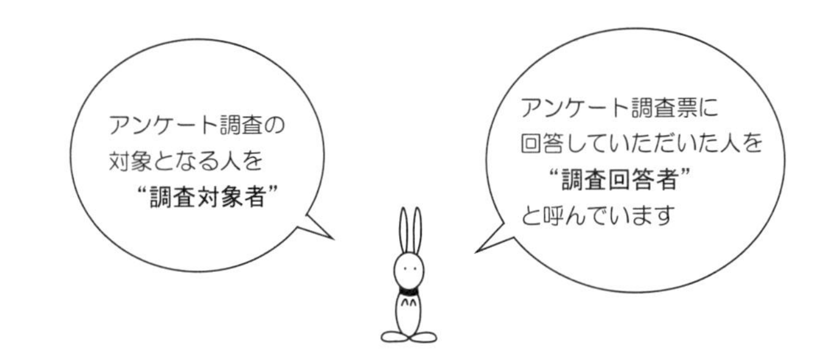

●―― 費用の検討

限られた費用の中で最大の成果を上げられるように綿密に企画づくりをしましょう．

アンケート調査をする場合，

- アンケート調査票の紙代・コピー代
- アンケート調査票の郵送や返信のための封筒代・切手代
- 宛名書きのためのアルバイト代
- 調査データ入力のためのアルバイト代

など，費用がかかります．

アンケート調査をする人たち

調査者　それは
あなたです～

アンケート調査は
次のような人たちによっておこなわれます．

調査者　……　アンケート調査で研究をおこなう人
調査員　……　アンケート調査票を配布・回収する人
調査対象者 ……　アンケート調査の対象となる人

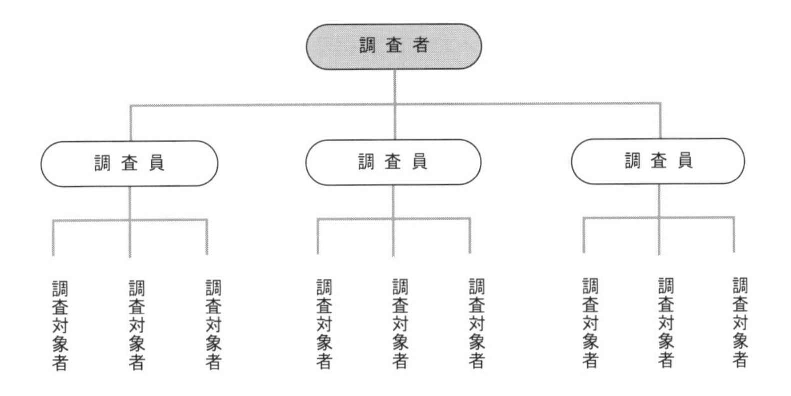

実際のアンケート調査では……
- 最初に，予備テストとして
  聞き取り調査でさまざまな意見を集める
- それらを基に質問項目を作成し，
  アンケート調査を実施する

というように
両方の調査方法を利用する場合もあります．

アンケート調査票に
回答していただいた人を
“調査回答者”と呼んでいます

Section 1.4 アトで困らないアンケート調査票の作成

アンケート調査票は，どのように作成されるのでしょうか．

アンケート調査票は，次の３つの部分から成り立っています．

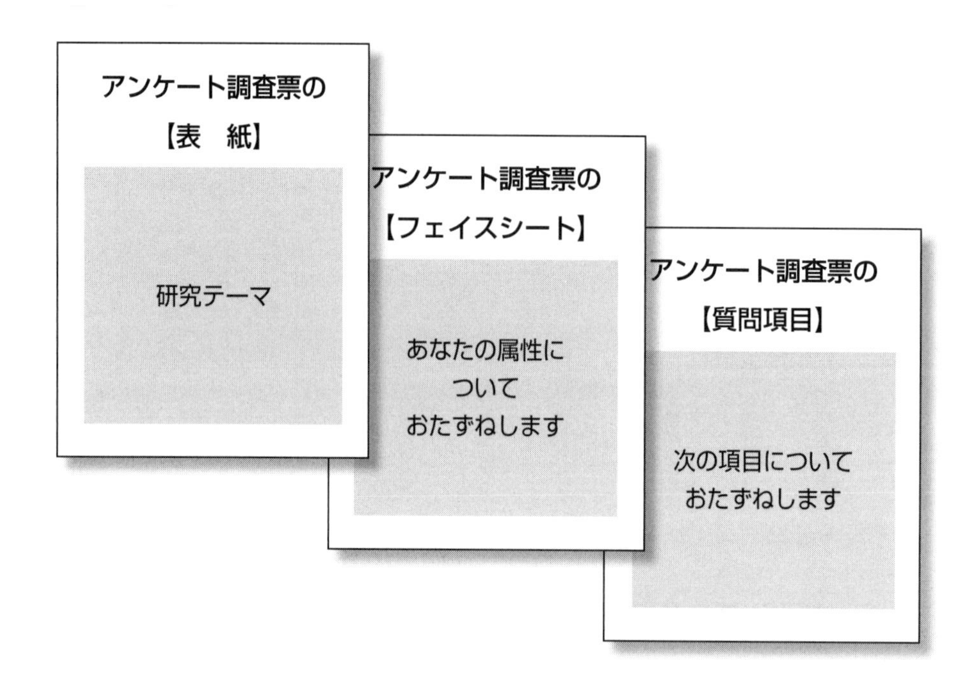

●── フェイスシートの作成

フェイスシートとは，年齢や生活状況など

“調査対象者の属性”

について尋ねるものです．

【フェイスシートの作成】

例 1

項目：あなたの年齢をお答えください．

(　　　　)歳

例 2

項目：あなたの家族構成は次のどれですか？

1．一人暮らし　2．親と同居　3．夫婦二人
4．子供あり　5．その他

例 3

項目：あなたはアレルギーがありますか？

1．ある　2．ない

研究に必要な
質問項目を
忘れていないか
よく確かめて！

フェイスシートは
とても大切です

●—— 質問項目の作成

質問項目とそれに対する回答には，どのような方法があるのでしょうか？次のように，いくつかの方法があります．

【2件法】

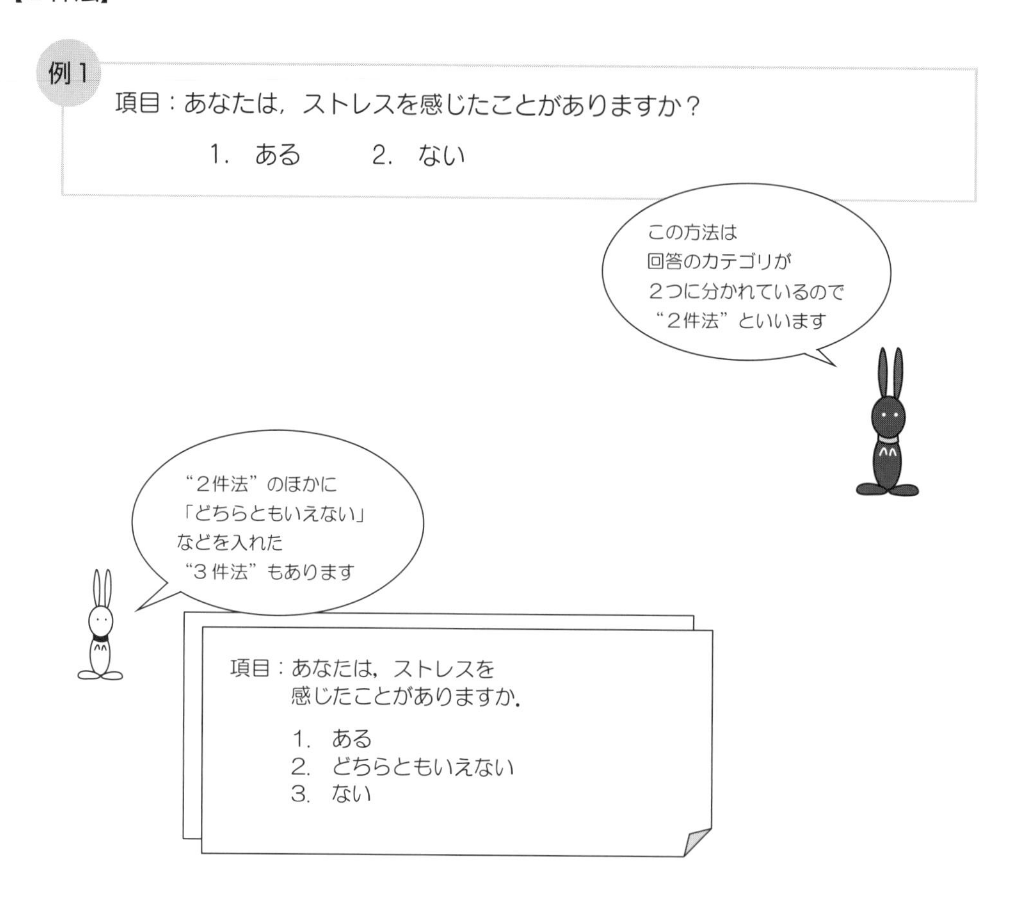

【評定法】

例 2

項目：あなたは，ペットの外見を重視しますか？

1. 重視しない　　2. あまり重視しない
3. やや重視する　　4. 重視する

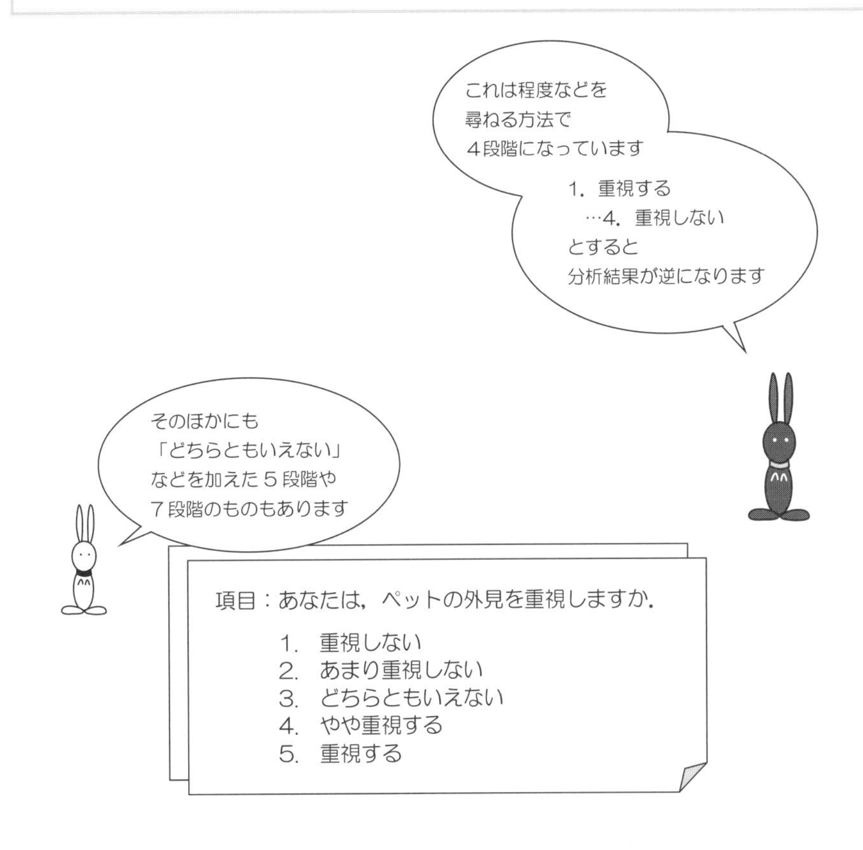

【多肢選択法】

例3

項目：あなたのペットを飼う目的すべてに○をつけてください.

1. 生き物が好きだから
2. かわいいから
3. ふれあいたいから
4. 自分の成長のため
5. 心の癒し
6. 世話をしたいから
7. 一緒に散歩をしたいから
8. 収入を得るため

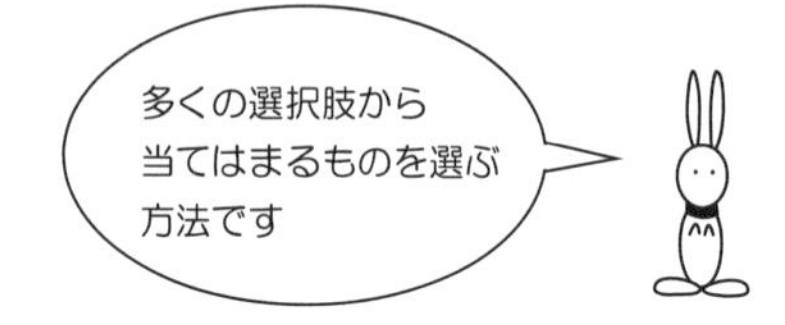

【順位法】

例4

項目：あなたは，どのペットが好きですか？

1位，2位，3位の順に記入してください.

1. イヌ
2. ハムスター
3. ウサギ
4. カメ
5. ヘビ
6. ダンゴムシ
7. ネコ
8. クワガタ
9. コリドラス

1位（　　）　2位（　　）　3位（　　）

【自由記述法】

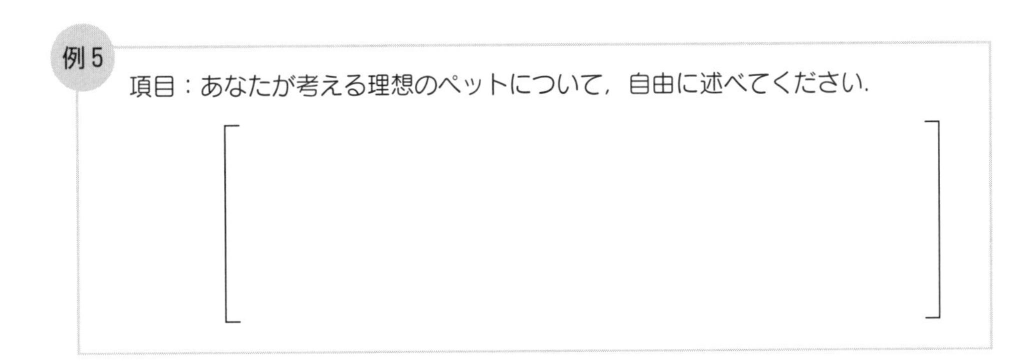
例 5
項目：あなたが考える理想のペットについて，自由に述べてください．
[ ]

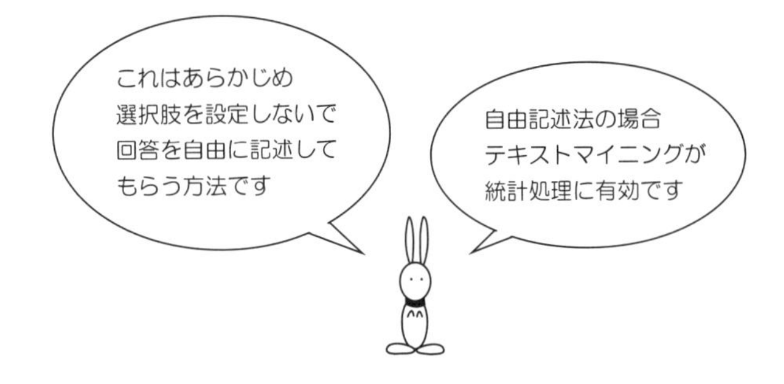
これはあらかじめ
選択肢を設定しないで
回答を自由に記述して
もらう方法です
自由記述法の場合
テキストマイニングが
統計処理に有効です

2件法
評定法
多肢選択法
順位法
自由記述法
⋮
いろいろあります！

●── 質問項目作成上の注意

質問項目は，わかりやすく作りましょう．

例 1

項目：あなたは，ペットのイヤータフトについて
　　　どう思いますか．

注意 1　難しい言葉や専門用語を使わないようにします．
　　　この場合，“イヤータフト”について説明を入れるか，
　　わかりやすい言葉にする必要があります．

例 2

項目：ペットの飼育条件として，室内飼育や室外飼育は，
　　　あなたにとってどのくらい重要ですか．

注意 2　1つの質問項目で2つのことをたずねるのは避けましょう．
　　　この場合，“室内飼育”と“室外飼育”は，
　　　2つの質問項目に分けて作りましょう．

例 3

項目：近ごろ，ペットの鳴き声が社会問題になっていますが，
　　　住宅地でのオンドリの飼育を，あなたはどう思いますか．

注意 3　誘導的な質問項目は避けましょう．

前半部分の内容が悪いことであると示しているので，批判的な回答を誘導する恐れがあります．

例 4

項目 1：近ごろ，ストレスに苦しむ人が増えていますが，
　　　　あなたはどのように思いますか．

項目 2：心の癒しを求めてペットを飼う人が増えていますが，
　　　　あなたはどのように思いますか．

注意 4　前の質問項目が，次の質問項目に影響を及ぼさないようにします．

この場合，項目 1 に回答することにより，項目 2 に対して好意的な回答が多くなる可能性があります．

表紙の作成

アンケート調査票の表紙は，次のようになります．

アンケート調査票の表紙

○○○○年○○月○○日

ペットとストレスに関するアンケート調査

わたしたちは，ABC 大学獣医学部で愛玩動物の飼育を専攻している学生です．
ペットとの日常生活，ペットの役割，ペットの選択に関心を持っています．
ペットに対して，どのような考えをお持ちなのか，お尋ねします．
回答の内容は，研究以外の目的に使用することはありません．

＊記入についてのお願い＊

アンケート調査は無記名です．ありのままお答えください．

＊調査結果，および，ご質問について＊

調査結果をお知りになりたい方は，後日，ご報告いたします．
ご希望の方は，下記の連絡先までお知らせください．
ご質問のある方も，下記の連絡先まで，お問い合わせください．

連絡先：ABC 大学獣医学部 DEF 研究室
中屋舜之亮　本家美咲子
住　所：〒 123-4567
東京都○○区○○ 543-21
電　話：03-456-9876
E-mail：○○○○ @ ○○ . ○○

その1．調査年月日

アンケート調査票の送付日を記入します．

例

○○○○年○○月○○日

その2．タイトル

タイトルは，調査内容をわかりやすく表現します．

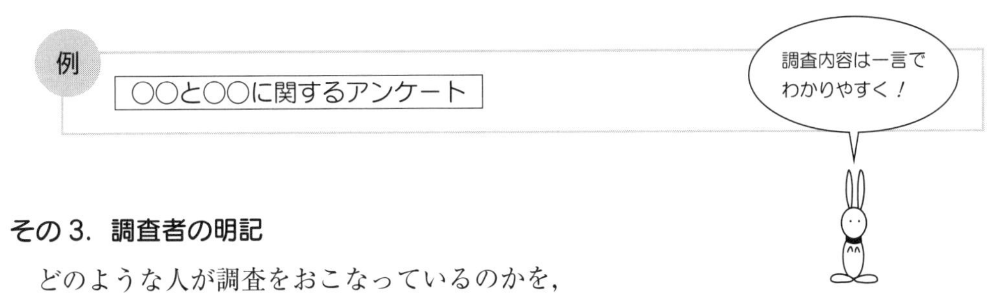

その3．調査者の明記

どのような人が調査をおこなっているのかを，
調査対象者に知らせます．

例

私は，現在，○○大学○○学部で○○を専攻している学生です．

その4．調査の目的

調査目的をわかりやすく記入します．

例

最近の日常生活の中での○○と○○について関心を持ち，研究を進めております．この問題を考えるにあたり，どのような考えをお持ちなのか，おたずねします．

その5．調査結果の活用方法

調査結果をどのように用いるかを明記します．

プライバシーが侵害されることがないことを伝えます．

例

回答の内容は研究以外の目的に使用されることはありません．
調査は無記名です．
回答の内容が外部に漏れることはありません．

その6．記入上の注意

アンケートに回答してもらう前に一言！

例

回答後は，回答欄に記入漏れがないか，ご確認ください．

その7．調査結果の報告

調査結果を知りたいと思っている人には，調査結果を知らせるようにします．

例

調査の結果をお知りになりたい方には，後日，ご報告させていただきます．
ご希望の方は，下記の連絡先にお知らせください．

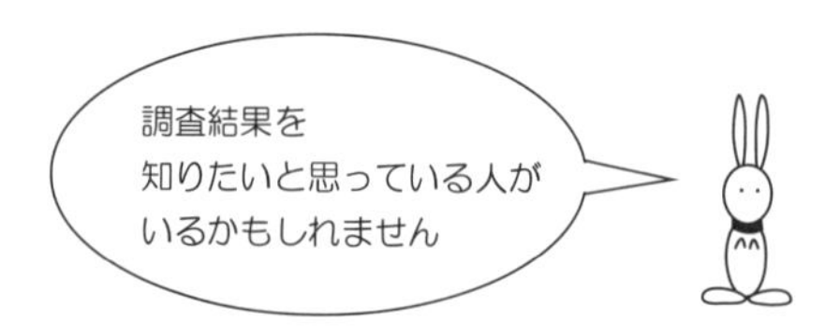

その 8．連絡先

調査に関する質問などを受けるために，連絡先を明記します．

例

連絡先：○○大学○○学部○○研究室
　　　　中屋舜之亮　本家美咲子
　　　　〒○○○ - ○○○○
　　　　東京都○○区○○ 4-3-2-1
電　話：03- ○○○○ - ○○○○
　　　　月曜から金曜（10 時から 16 時）
E-mail：○○ @ ○○ .ac.jp

その 9．お礼を忘れないで !!

例

アンケート調査にご協力いただき，ありがとうございました．

Section 1.5 でも，もう一度チェック！　修正は？

次のようなアンケート調査票ができました !!

アンケート調査票　表紙

○○○○年○○月○○日

ペットとストレスに関するアンケート調査

わたしたちは，ABC 大学獣医学部で愛玩動物の飼育を専攻している学生です.
ペットとの日常生活，ペットの役割，ペットの選択に関心を持っています.
ペットに対して，どのような考えをお持ちなのか，お尋ねします.
回答の内容は，研究以外の目的に使用することはありません.

＊記入についてのお願い＊

アンケート調査は無記名です．ありのままお答えください.

＊調査結果，および，ご質問について＊
調査結果をお知りになりたい方は，後日，ご報告いたします.
ご希望の方は，下記の連絡先までお知らせください.
ご質問のある方も，下記の連絡先まで，お問い合わせください.

連絡
住
電
E-ma

アンケート調査票　その 1

あなたの生活状況について，おたずねします.
あてはまる数字に，○をつけてください.
また，□には，数字を記入してください.

項目 1.1　あなたの年齢をお答えください.　【年齢】

□ 歳

項目 1.2　あなたの家族構成は，次のどれですか？　【家族構成】

1. 一人暮らし　2. 親と同居　3. 夫婦二人
4. 子供あり　5. その他

項目 1.3　あなたは，アレルギーがありますか？　【アレルギー】

1. ある　2. ない

項目 1.4　あなたは，ダンゴムシを飼育したことがありますか？　【ダンゴムシ】

1. ある　2. ない

項目 1.5　あなたは，ストレスを感じたことがありますか？　【ストレス】

ない

験したことがありますか？　【ウツ】

ない

アンケート調査票　その 2

ペットの選択に関して，あなたのお考えをおたずねします.
あてはまる数字に，○をつけてください.

項目 2.1　あなたは，ペットの種類をどの程度重視しますか？　【種類】

1. 重視しない　2. あまり重視しない　3. やや重視する　4. 重視する

項目 2.2　あなたは，ペットの大きさをどの程度重視しますか？　【大きさ】

1. 重視しない　2. あまり重視しない　3. やや重視する　4. 重視する

項目 2.3　あなたは，ペットの外見をどの程度重視しますか？　【外見】

1. 重視しない　2. あまり重視しない　3. やや重視する　4. 重視する

項目 2.4　あなたは，ペットの鳴き声をどの程度重視しますか？　【鳴き声】

1. 重視しない　2. あまり重視しない　3. やや重視する　4. 重視する

項目 2.5　あなたは，ペットの性格をどの程度重視しますか？　【性格】

1. 重視しない　2. あまり重視しない　3. やや重視する　4. 重視する

項目 2.6　あなたは，ペットの寿命をどの程度重視しますか？　【寿命】

1. 重視しない　2. あまり重視しない　3. やや重視する　4. 重視する

項目 2.7　あなたは，ペットの世話をどの程度重視しますか？　【世話】

1. 重視しない　2. あまり重視しない　3. やや重視する　4. 重視する

項目 2.8　あなたは，ペットの価格をどの程度重視しますか？　【価格】

1. 重視しない　2. あまり重視しない　3. やや重視する　4. 重視する

＊ご協力，ありがとうございました.

アンケート調査票をもう一度見直し，修正しましょう．

●── アンケート調査票の修正

アンケート調査を始める前に，
質問項目の内容を第三者に確認してもらいましょう．
次に，アンケート調査票を使って予備テストをおこなってみます．
この予備テストの結果を見て，

- わかりづらい質問項目
- 誤解を招くような質問項目

などがあったら，修正します．

●── アンケート調査票の点検

アンケート調査票の質問項目の修正が終わったら，最後に

- 誤字・脱字
- レイアウト

など，全体の点検をします．

第三者チェックはとても有効です～

Section 1.6 アンケート調査票の完成です！

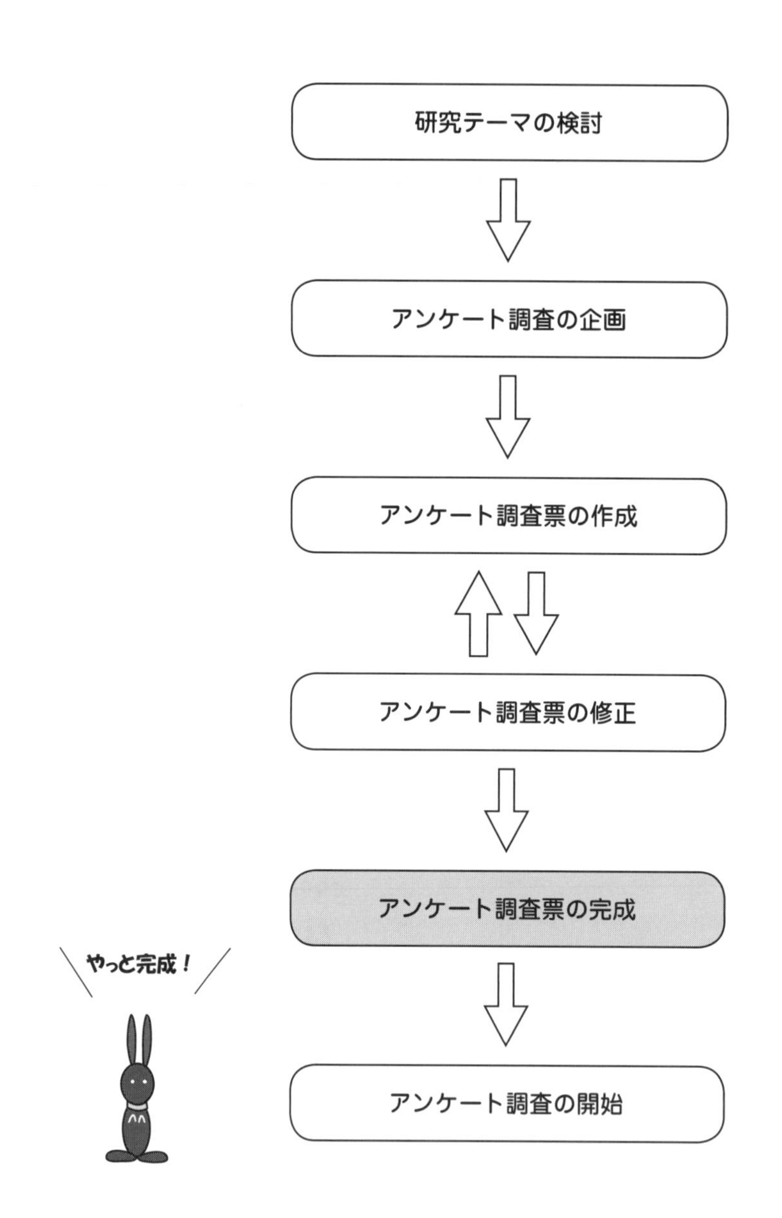

アンケート調査票　表紙

○○○○年○○月○○日

ペットとストレスに関するアンケート調査

わたしたちは，ABC 大学獣医学部で愛玩動物の飼育を専攻している学生です．
ペットとの日常生活，ペットの役割，ペットの選択に関心を持っています．
ペットに対して，どのような考えをお持ちなのか，お尋ねします．
回答の内容は，研究以外の目的に使用することはありません．

＊記入についてのお願い＊

アンケート調査は無記名です．ありのままお答えください．

＊調査結果，および，ご質問について＊

調査結果をお知りになりたい方は，後日，ご報告いたします．
ご希望の方は，下記の連絡先までお知らせください．
ご質問のある方も，下記の連絡先まで，お問い合わせください．

連絡先：ABC 大学獣医学部 DEF 研究室
中屋舜之亮　本家美咲子
住　所：〒123-4567
東京都○○区○○ 543-21
電　話：03-456-9876
E-mail：○○○○@○○．○○

アンケート調査票　その1

あなたの生活状況について，おたずねします．

あてはまる数字に，○をつけてください．

また，□には，数字を記入してください．

項目 1.1　あなたの年齢をお答えください．　**【年齢】**

□ 歳

項目 1.2　あなたの家族構成は，次のどれですか？　**【家族構成】**

1. 一人暮らし　2. 親と同居　3. 夫婦二人
4. 子供あり　5. その他

項目 1.3　あなたは，アレルギーがありますか？　**【アレルギー】**

1. ある　2. ない

項目 1.4　あなたは，ダンゴムシを飼育したことがありますか？　**【ダンゴムシ】**

1. ある　2. ない

項目 1.5　あなたは，ストレスを感じたことがありますか？　**【ストレス】**

1. ある　2. ない

項目 1.6　あなたは，ウツを経験したことがありますか？　**【ウツ】**

1. ある　2. ない

アンケート調査票　その2

ペットの選択に関して，あなたのお考えをおたずねします．
あてはまる数字に，○をつけてください．

項目 2.1　あなたは，ペットの種類をどの程度重視しますか？　【種類】
1. 重視しない　2. あまり重視しない　3. やや重視する　4. 重視する

項目 2.2　あなたは，ペットの大きさをどの程度重視しますか？　【大きさ】
1. 重視しない　2. あまり重視しない　3. やや重視する　4. 重視する

項目 2.3　あなたは，ペットの外見をどの程度重視しますか？　【外見】
1. 重視しない　2. あまり重視しない　3. やや重視する　4. 重視する

項目 2.4　あなたは，ペットの鳴き声をどの程度重視しますか？　【鳴き声】
1. 重視しない　2. あまり重視しない　3. やや重視する　4. 重視する

項目 2.5　あなたは，ペットの性格をどの程度重視しますか？　【性格】
1. 重視しない　2. あまり重視しない　3. やや重視する　4. 重視する

項目 2.6　あなたは，ペットの寿命をどの程度重視しますか？　【寿命】
1. 重視しない　2. あまり重視しない　3. やや重視する　4. 重視する

項目 2.7　あなたは，ペットの世話をどの程度重視しますか？　【世話】
1. 重視しない　2. あまり重視しない　3. やや重視する　4. 重視する

項目 2.8　あなたは，ペットの価格をどの程度重視しますか？　【価格】
1. 重視しない　2. あまり重視しない　3. やや重視する　4. 重視する

＊ご協力，ありがとうございました．

Section 1.7 いよいよ，アンケート調査の開始です！

いよいよ，アンケート調査の開始です．

●── 調査員への説明とアンケート調査票の配布

アンケート調査を調査員に依頼する場合，調査員に調査の内容をキチンと伝えておかなければなりません．

具体的には，調査員に，調査の目的，調査結果の利用方法などを理解してもらうことが大切です．

また，調査対象者に不快な思いをさせないことの重要性も伝えておきましょう．

調査実施のためのマニュアルを作成し，調査員に渡します．

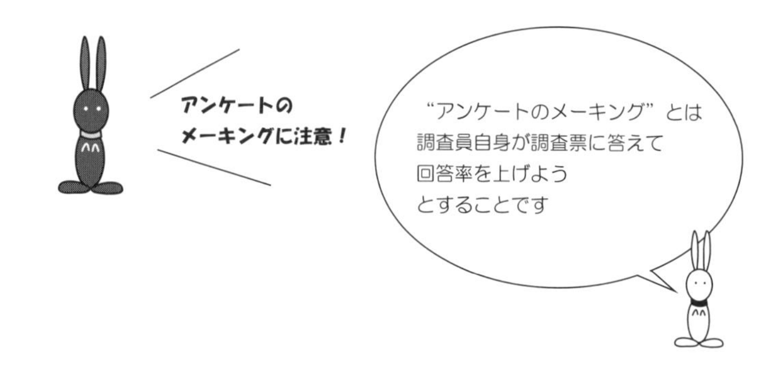

●── アンケート調査票を回収したときの点検

回収したアンケート調査票の点検をしましょう．

回収したアンケート調査票が，すべて有効であるとは限りません．

点検 1.　ほとんど回答していないアンケート調査票は無効です．

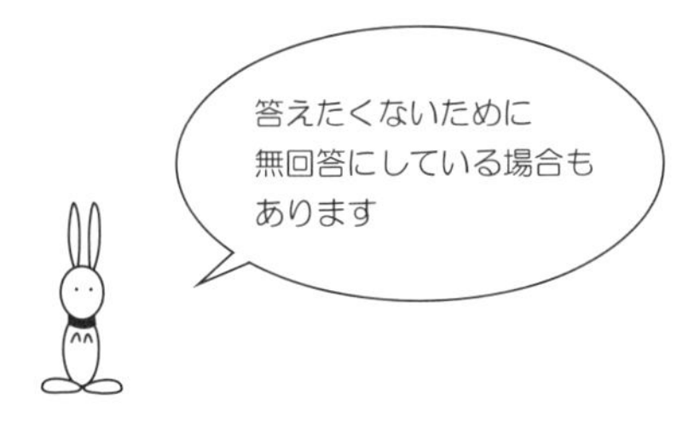

点検 2.　誤った記入がある場合，その箇所が無効，または，
そのアンケート調査票自体が無効となります．

点検 3.　明らかに真剣に答えていないと感じる場合には，無効ですね．

Section 1.8 アンケート調査のあとは，論文の作成です

アンケート調査票を回収し，調査データの分析も終了したから……
といって，アンケート調査の終了ではありません．

次は，アンケート調査結果を公表するための論文の作成です．

●── アンケート調査・研究の目的の記入

この調査の目的を記入し，先行研究との違いを明確にしましょう．

●── アンケート調査の方法の記入

調査の対象，サンプリングの方法，調査時期，調査方法，
アンケート調査票の回収率，調査データの分析方法などについて
説明をします．

●── アンケート調査の結果と考察の記入

調査データの分析結果とそれに対する考察や記述，そして残された問題や将来への課題について記入します．

- 結果のみを記入する場合
- 結果と考察を記入する場合
- 結果，考察，討論を記入する場合

など，いろいろな書き方があります．

●── 文献の記入

論文に引用した文献を記入します．
参考にした文献も記入します．

●── 謝辞の記入

お世話になった方へのお礼の気持ちを記入しましょう．

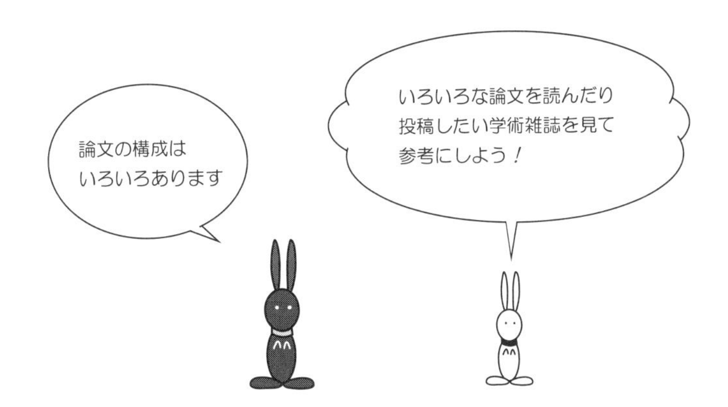

2章 アンケート調査の結果を入力しよう

統計処理をおこなうために，回収したアンケート調査票のデータはどのように入力したらよいのでしょうか？

Section 2.1 調査データの整理をしよう

アンケート調査票の回答を整理し，調査データ入力の準備をしよう．

●── ID 番号

回収されたアンケート調査票のうち，有効と判断されたものに，識別のための番号をつけます．これを ID 番号といいます．

	id	var	var	var	var	var	var	var	var
1	1								
2	2								
3	3								
4	4								
5	5								
6	6								
7	7								
8	8								
9									
10									

ID 番号５の人の回答を見てゆきます

“ID” とは Identification の略です

●── コーディング

コーディングをおこない，調査データ入力の準備をします.

コーディングとは，アンケート調査票の回答を数字に置き換えることです.

アンケート調査票

項目A　あなたの食事のタイプをお答えください.

1.　草食系　　2.　肉食系

草食系 …… 1
肉食系 …… 2

とコード化します.

ID番号5の回答

回答　　1.　草食系　(2.)　肉食系

	id	食事のタイプ	var	var	var	var	var
1	1	2					
2	2	1					
3	3	2					
4	4	1					
5	5	2					
6	6	2					
7	7	1					
8	8	2					

アンケート調査票

項目 B　　あなたの年齢をお答えください.

(　　　　) 歳

➡　　(　　　　) の数字をそのままコード化します.

ID 番号 5 の回答

回答　　　(　3 4　) 歳

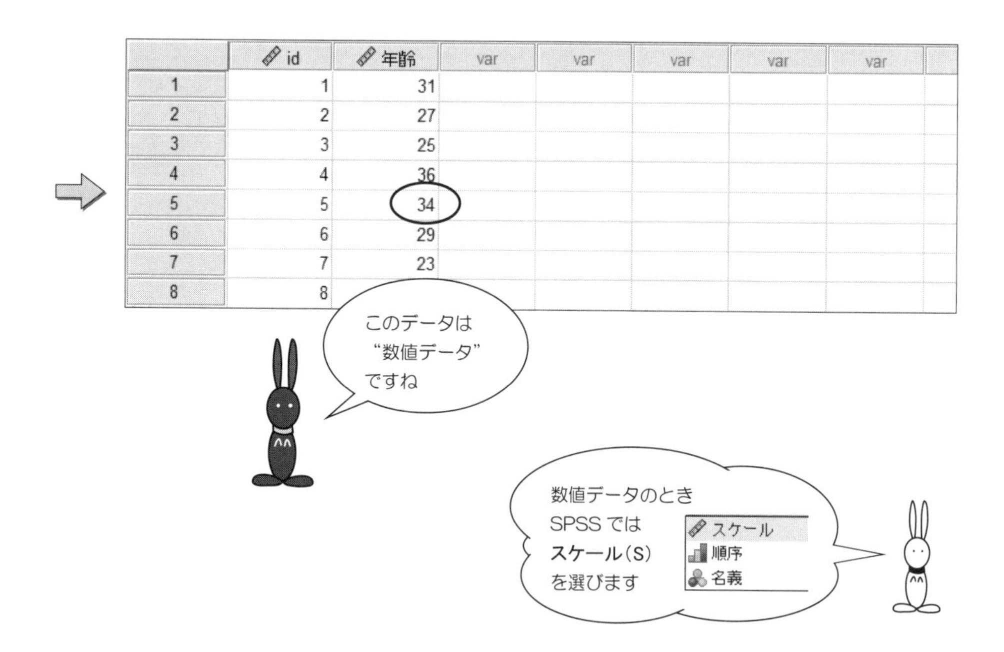

	id	年齢	var	var	var	var	var
1	1	31					
2	2	27					
3	3	25					
4	4	36					
5	5	34					
6	6	29					
7	7	23					
8	8						

アンケート調査票

項目 C　あなたは，アレルギーがありますか？

1.　ある　　2.　ない

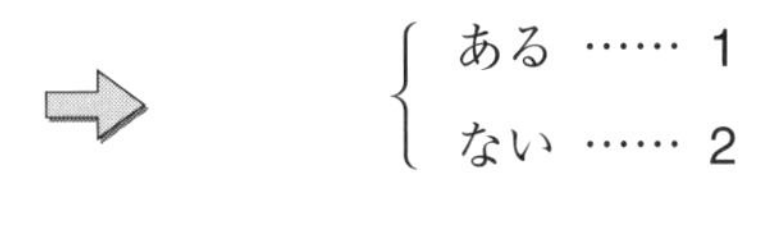

ある …… 1
ない …… 2

とコード化します．

ID 番号 5 の回答

回答　　(1.) ある　　2.　ない

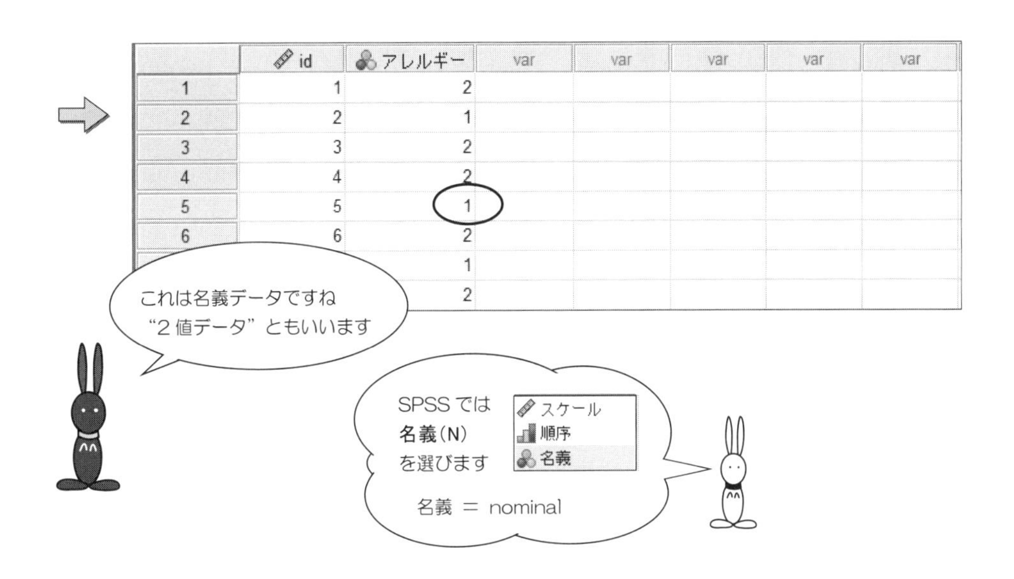

	id	アレルギー	var	var	var	var	var
1	1	2					
2	2	1					
3	3	2					
4	4	2					
5	5	1					
6	6	2					
		1					
		2					

アンケート調査票

項目D　あなたの家族構成は，次のどれですか．

1.　一人暮らし　　2.　親と同居　　3.　夫婦二人
4.　子供あり　　5.　その他

一人暮らし	……	1
親と同居	……	2
夫婦二人	……	3
子供あり	……	4
その他	……	5

とコード化します．

ID番号5の回答

回答　1.　一人暮らし　（2.）　親と同居　　3.　夫婦二人
4.　子供あり　　5.　その他

	id	家族構成	var	var	var	var	var	var
1	1	3						
2	2	1						
3	3	4						
4	4	1						
5	5	2						
6	6	5						
7	7	3						
8	8	4						
9								
10								
11								

アンケート調査票

項目 E　あなたは，ペットの外見をどの程度重視しますか．

1. 重視しない　2. あまり重視しない　3. やや重視する
4. 重視する

重視しない ……1
あまり重視しない ……2
やや重視する ……3
重視する ……4

とコード化します．

ID 番号 5 の回答

回答　ペットの【外見】　1………2………3………(4)

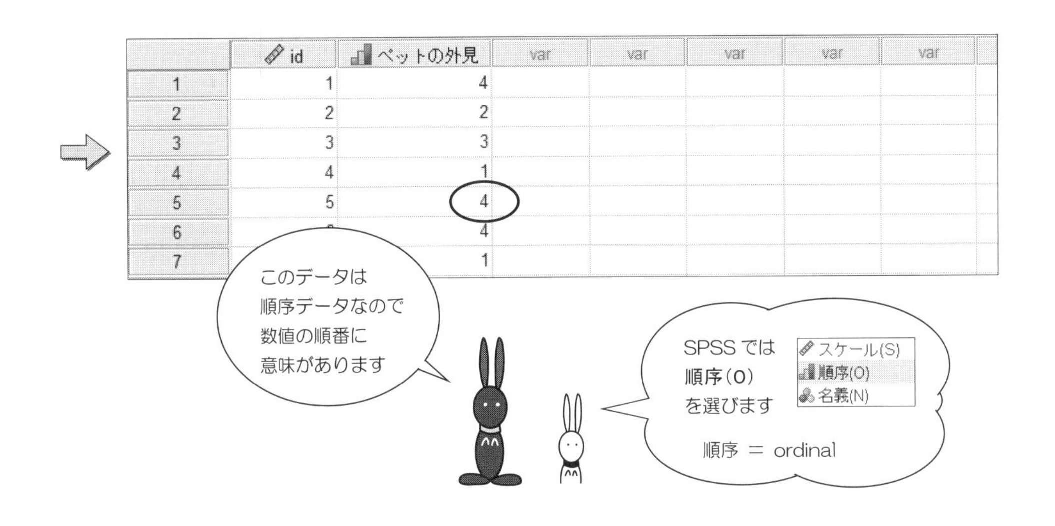

	id	ペットの外見	var	var	var	var	var
1	1	4					
2	2	2					
3	3	3					
4	4	1					
5	5	4					
6		4					
7		1					

【複数回答などの場合】

アンケート調査票

項目 F　あなたが“ペットを飼う目的”と思うものすべてに○をつけてください．

1. 生き物が好きだから　　2. かわいいから
3. ふれあいたいから　　4. 自分の成長のため
5. 心の癒し　　6. 世話をしたいから
7. 一緒に散歩をしたいから　　8. 収入を得るため

○がついている数字　…… 1
○がついていない数字 …… 0

とコード化します．

ID 番号 5 の回答

回答　(1.) 生き物が好きだから　　(2.) かわいいから
3. ふれあいたいから　　4. 自分の成長のため
5. 心の癒し　　6. 世話をしたいから
7. 一緒に散歩をしたいから　　8. 収入を得るため

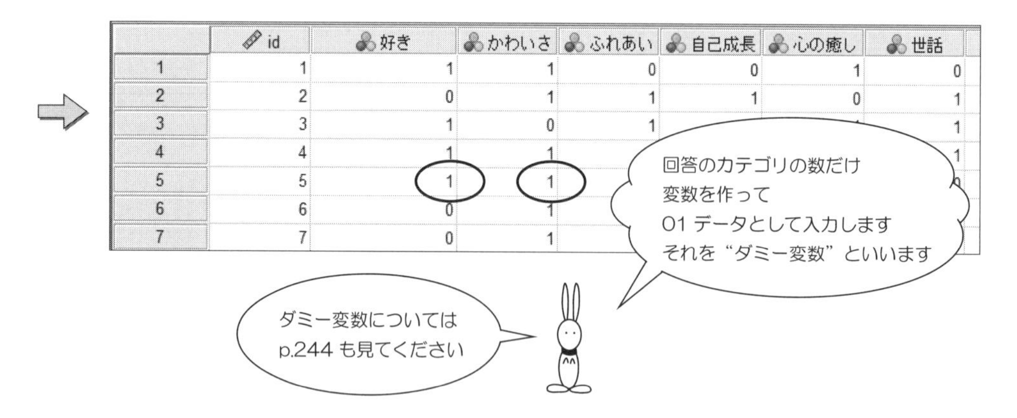

	id	好き	かわいさ	ふれあい	自己成長	心の癒し	世話
1	1	1	1	0	0	1	0
2	2	0	1	1	1	0	1
3	3	1	0	1			1
4	4	1	1				1
5	5	1	1				
6	6	0	1				
7	7	0	1				

アンケート調査票

項目G　あなたは，どのペットが好きですか？

1位から3位まで順位をつけてください．

1.　イヌ　　2.　ハムスター　　3.　ウサギ
4.　カメ　　5.　ヘビ　　6.　ダンゴムシ
7.　ネコ　　8.　クワガタ　　9.　コリドラス

項目に対応する順位をそのままコード化します．

1.　イヌ　　2.　ハムスター　　3.　ウサギ
4.　カメ　　5.　ヘビ　　6.　ダンゴムシ
7.　ネコ　　8.　クワガタ　　9.　コリドラス

ID番号5の回答

回答　　順位1（　9　）　　順位2（　1　）　　順位3（　4　）

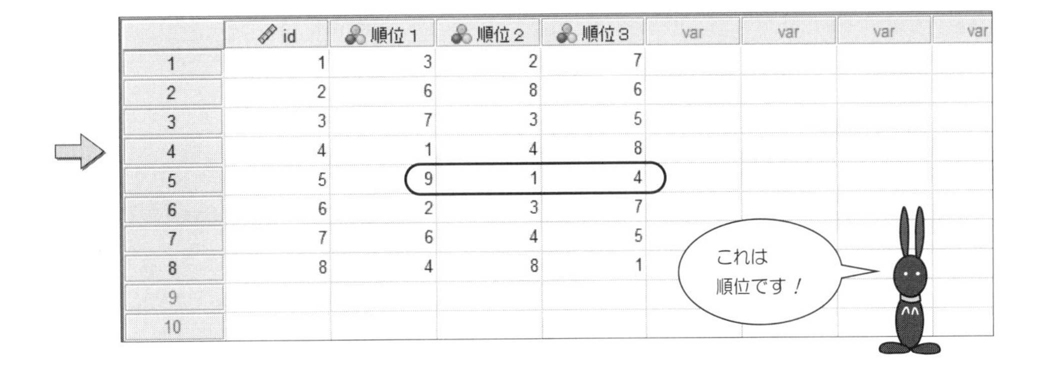

	id	順位1	順位2	順位3	var	var	var	var
1	1	3	2	7				
2	2	6	8	6				
3	3	7	3	5				
4	4	1	4	8				
5	5	9	1	4				
6	6	2	3	7				
7	7	6	4	5				
8	8	4	8	1				
9								
10								

【自由記述回答の場合】

アンケート調査票

項目H　あなたが考える理想のペットについて，自由に記述してください．

［　　　　　　　　　　　　　　　　　　　　　　　　］

自由記述回答形式の場合には，最初にコードを決めておくことができません．
回答内容を見てからカテゴリを作成し，コード化します．
これを

アフターコーディング

または

アフターコード

といいます．

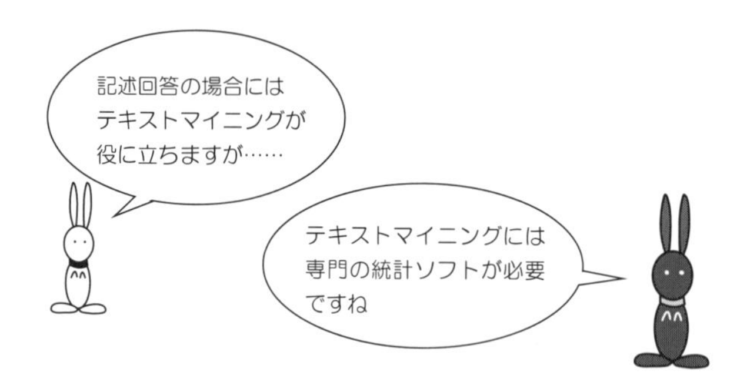

【回答が有効でない場合】

回答が有効でない場合として

- 無回答
- 非該当
- 不正回答

などがあります.

このようなときは，次のようにコード化します.

- 無回答 …… 空白
- 非該当 …… 99
- 不正回答 …… −9

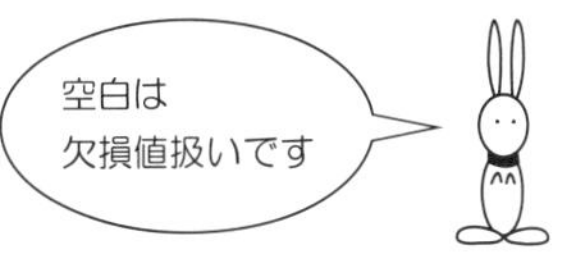

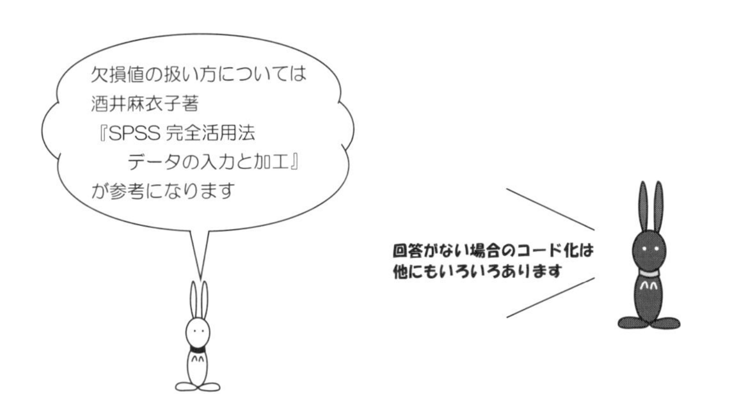

Section 2.2 データの入力をしよう

アンケート調査票の回答をデータとして入力しよう.

手順 1　最初に，変数名を入力します.

そこで，データエディタ（画面）の左下にある 変数ビュー をクリック.

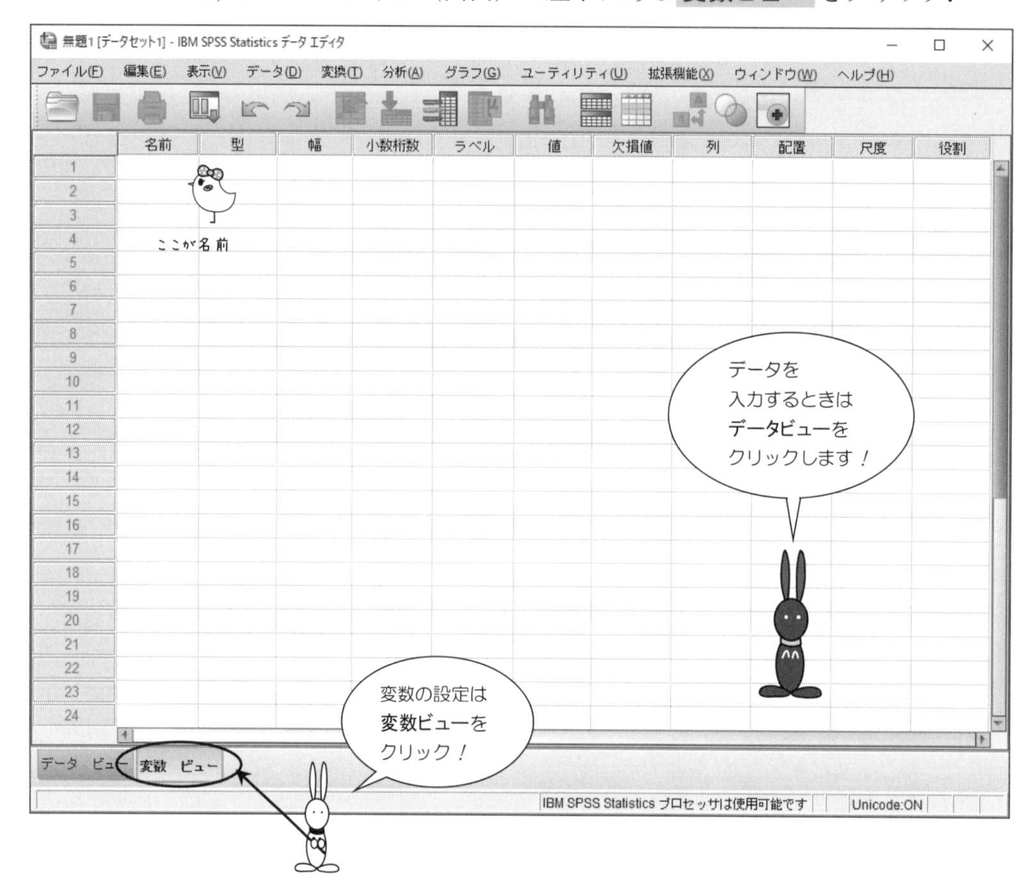

手順2 名前 のところに，変数名を入力します．

	名前	型	幅	小数桁数	ラベル	値	欠損値	列
1	ID	数値	8	2		なし	なし	8
2	年齢	数値	8	2		なし	なし	8
3	家族構成	数値	8	2		なし	なし	8
4	アレルギー	数値	8	2		なし	なし	8
5	ダンゴムシ	数値	8	2		なし	なし	8
6	ストレス	数値	8	2		なし	なし	8
7	ウツ	数値	8	2		なし	なし	8
8	種類	数値	8	2		なし	なし	8
9	大きさ	数値	8	2		なし	なし	8
10	外見	数値	8	2		なし	なし	8
11	鳴き声	数値	8	2		なし	なし	8
12	性格	数値	8	2		なし	なし	8
13	寿命	数値	8	2		なし	なし	8
14	世話	数値	8	2		なし	なし	8
15	価格	数値	8	2		なし	なし	8
16								
17								
18								
19								
20								

ここ！

変数の名前のつけ方は，１つではありません

たとえば
右のように入力して
分析することも
もちろん可能です

	名前
1	ID
2	項目1
3	項目2
4	項目3
5	項目4
6	項目5
7	項目6
8	項目7
9	項目8
10	項目9
11	項目10
12	項目11
13	項目12
14	項目13
15	項目14
16	

入力や分析がしやすい
名前をつけましょう

変数名の先頭に
数字を使用することは
できません

また変数名に
半角の
￥ ＊ ！ など
は使えません

手順3　型 の列のセルをクリックすると，セルの右端に … が出てきます．

	名前	型	幅	小数桁数	ラベル	値	欠損値	列
1	ID	数値	8	2		なし	なし	8
2	年齢	数値	8	2		なし	なし	8
3	家族構成	数値	8	2		なし	なし	8
4	アレルギー	数値	8	2		なし	なし	8
5	ダンゴムシ	数値	8	2		なし	なし	8
6	ストレス	数値	8	2		なし	なし	8
7	ウツ	数値	8	[illegible]		なし	なし	8
8	種類	数値	8	[illegible]	[illegible]	[illegible]	なし	8
9	大きさ	数値	8	[illegible]	[illegible]	[illegible]	なし	8
10	外見	数値	8	2		なし	なし	8
11	鳴き声	数値	8	2		なし	なし	8
12	性格	数値	8	2		なし	なし	8
13	寿命	数値	8	2		なし	なし	8
14	世話	数値	8	2		なし	なし	8
15	価格	数値	8	2		なし	なし	8

変数の型は最初
数値になっています

手順4　… をクリックすると，次の画面が現れます．

そして，OK ボタンをクリック．

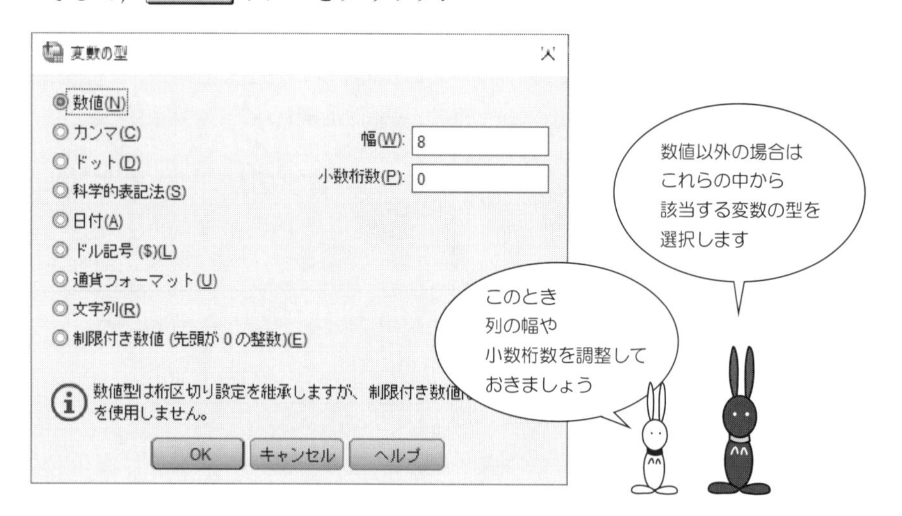

手順 5 ラベル には，変数のラベルを入力します．変数のラベルはわかりやすいものにします．

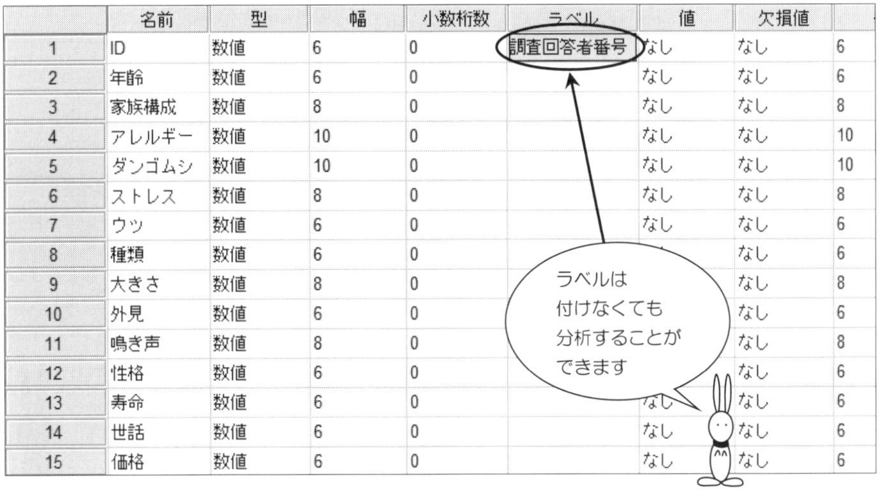

	名前	型	幅	小数桁数	ラベル	値	欠損値	
1	ID	数値	6	0	調査回答者番号	なし	なし	6
2	年齢	数値	6	0		なし	なし	6
3	家族構成	数値	8	0		なし	なし	8
4	アレルギー	数値	10	0		なし	なし	10
5	ダンゴムシ	数値	10	0		なし	なし	10
6	ストレス	数値	8	0		なし	なし	8
7	ウツ	数値	6	0		なし	なし	6
8	種類	数値	6	0			なし	6
9	大きさ	数値	8	0			なし	8
10	外見	数値	6	0			なし	6
11	鳴き声	数値	8	0			なし	8
12	性格	数値	6	0			なし	6
13	寿命	数値	6	0		なし	なし	6
14	世話	数値	6	0		なし	なし	6
15	価格	数値	6	0		なし	なし	6

ラベルは
付けなくても
分析することが
できます

手順 6 値 の列のセルをクリックすると，セルの右端に ... が出てくるので，それをクリック．

	名前	型	幅	小数桁数	ラベル	値	欠損値	
1	ID	数値	6	0	調査回答者番号	なし	なし	6
2	年齢	数値	6	0		なし	なし	6
3	家族構成	数値	8	0		なし ...	なし	8
4	アレルギー	数値	10	0		なし	なし	10
5	ダンゴムシ	数値	10	0		なし	なし	10
6	ストレス	数値	8	0		なし	なし	8
7	ウツ	数値	6			なし	なし	6
8	種類	数値	6	0		なし	なし	6
9	大きさ	数値	8	0		なし	なし	8
10	外見	数値	6	0		なし	なし	6
11	鳴き声	数値	8	0		なし	なし	8
12	性格	数値		0		なし	なし	6
13	寿命	数値				なし	なし	6
14	世話	数値		0		なし	なし	6
15	価格	数値	6	0		なし	なし	6

ラベル と
値ラベル が
あります

値ラベルは
便利です

手順 7 家族構成であれば，値(U)に 1 を，ラベル(L)に一人暮らしを入力し，
追加(A)をクリック．
続いて，値(U)に 2 をラベル(L)に親と同居を入力し，
最後に OK をクリック．

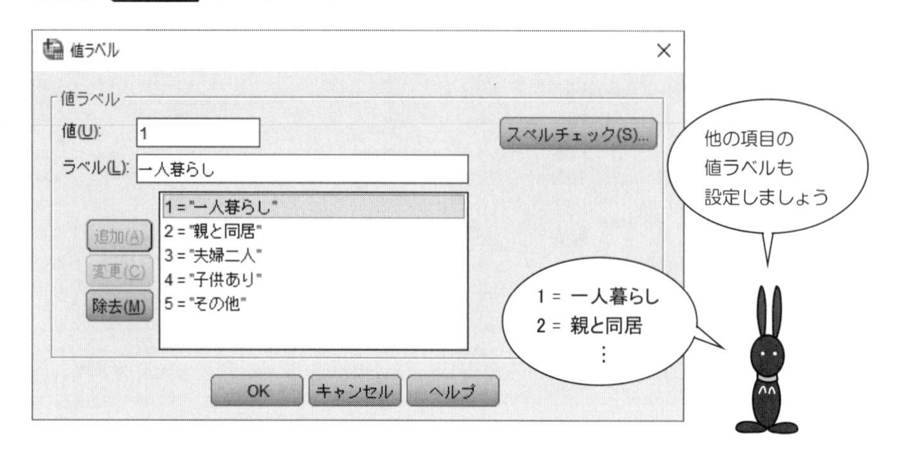

手順 8 欠損値の列のセルをクリックすると，
セルの右端に ... が出てくるので，これをクリックします．
そして，個別の欠損値(D)に 99 などの欠損を示す値を，
次のように入れます．

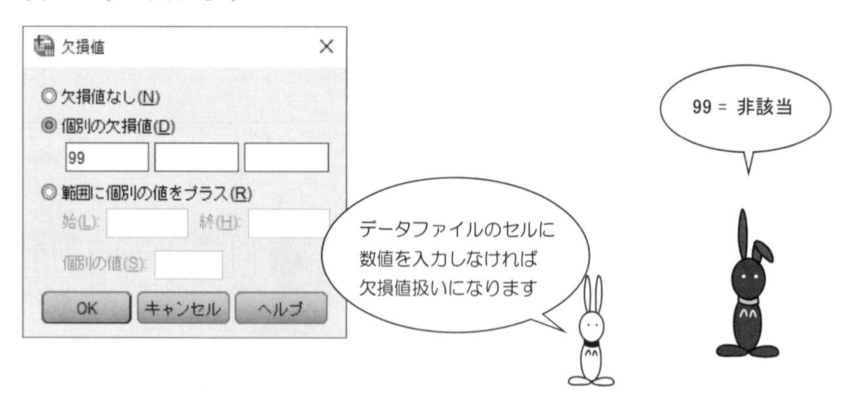

手順 **9**　次に，データを入力していきます．

そこで…

データエディタの左下にある **データビュー(D)** をクリックします．

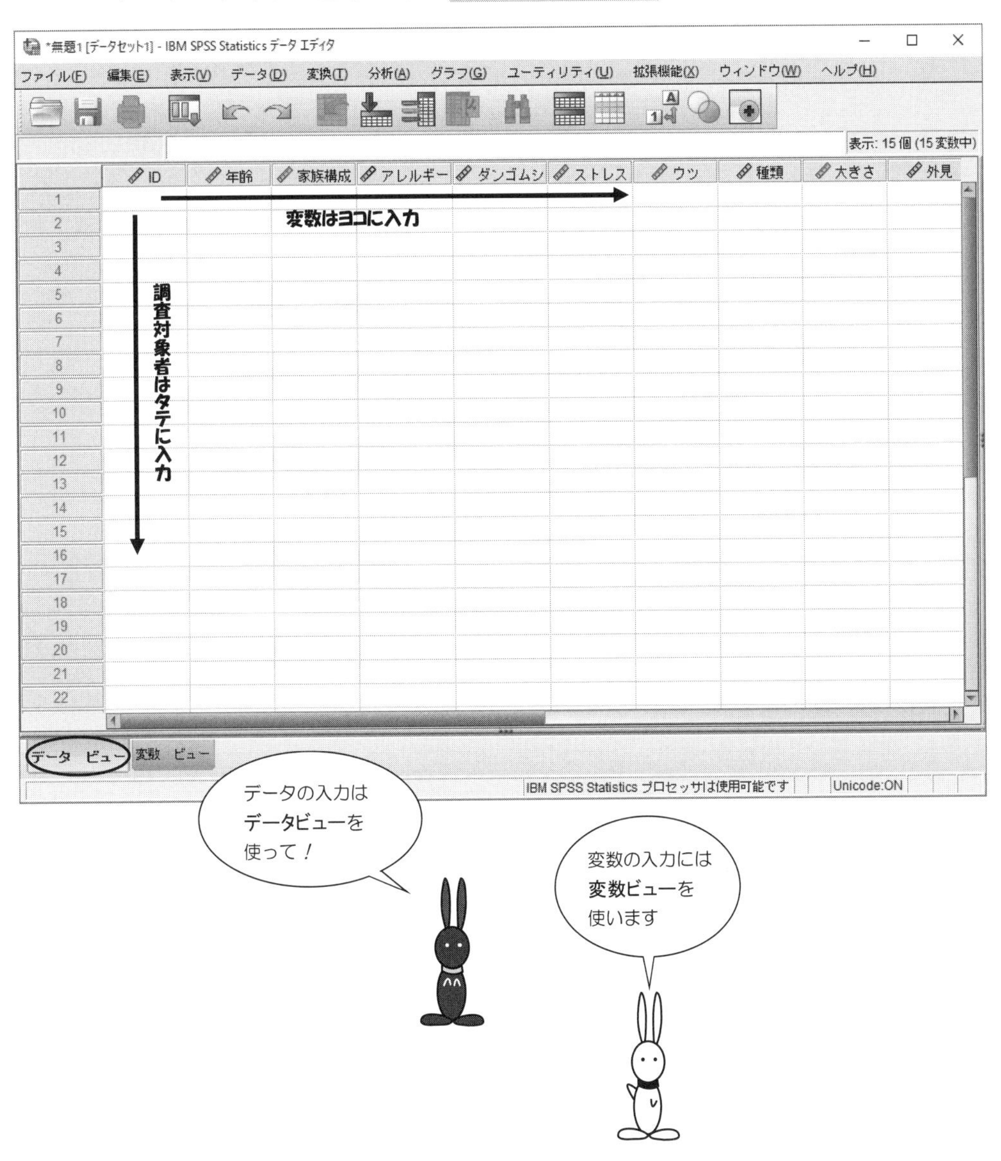

手順10 そして，コーディングにしたがってデータを入力します．

	id	年齢	家族構成	アレルギー	ダンゴムシ	ストレス	ウツ	種類	大きさ	外見	鳴き声	性格	寿命	世話	価格
1	1	29	1	2	2	2	2	4	4	1	4	2	1	1	1
2	2	29	4	2	1	1	2	1	1	3	1	3	3	3	3
3	3	29	1	1	2	2	2	3	4	3	3	3	1	1	2
4	4	37	3	2	1	1	1	1	1	4	1	4	3	4	4
5	5	31	1	1	1	1	1	1	1	4	1	4	2	3	4
6	6	33	3	2	2	1	1	2	1	4	2	4	2	3	3
7	7	30	4	2	2	2	2	2	3	4	2	4	1	3	2
8	8	35	1	2	2	2	1	3	2	4	2	4	3	4	3
9	9	34	2	1	2	1	1	1	1	4	1	4	2	4	4
10	10	35	1	1	2	1	2	3	3	3	4	3	1	4	3
11	11	31	1	1	1	1	1	1	1	4	2	4	3	3	4
12	12	30	1	2	2	2	1	3	3	2	3	3	1	3	2
13	13	39	1	2	2	2	2	4	4	1	4	2	1	1	1
14	14	28	1	1	2	1	1	1	1	3	2	3	3	4	4
15	15	30	3	2	1	2	1	1	1	3	1	2	2	4	4
16	16	36	1	2	1	2	2	2	2	3	2	3	2	4	2
17	17	38	4	2	2	2	2	3	3	2	3	2	1	3	2
18	18	33	1	2	2	1	1	1	1	3	1	3	2	1	4
19	19	30	4	2	1	1	2	1	1	3	2	2	3	4	4
20	20	34	1	2	2	2	2	3	3	2	4	2	1	1	2
21	21	29		1	2	1	1	1					2	3	4
22	22				1	2	2	4					1	4	1
23	23				2	2	1	3					2	4	2
24	24				2	1	2	3					3	4	4
25	25				1	2	2	1					2	4	4

	id	年齢	家族構成	アレルギー	ダンゴムシ	ストレス	ウツ	種類	大きさ	外見	鳴き声	性格	寿命	世話	価格
1	1	29	一人暮らし	ない	ない	ない	ない	重視する	重視する	重視し…	重視する	あまり…	重視し…	重視し…	重視し…
2	2	29	子供あり	ない	ある	ある	ない	重視し…	重視しない	やや重…	重視しない	やや重…	やや重…	やや重…	やや重…
3	3	29	一人暮らし	ある	ない	ない	ない	やや重…	重視する	やや重…	やや重視す…	やや重…	重視し…	重視し…	あまり…
4	4	37	夫婦2人	ない	ある	ある	ある	重視し…	重視しない	重視する	重視しない	重視する	やや重…	重視する	重視する
5	5	31	一人暮らし	ある	ある	ある	ある	重視し…	重視しない	重視する	重視しない	重視する	あまり…	やや重…	重視する
6	6	33	夫婦2人	ない	ない	ある	ある	あまり…	重視しない	重視する	あまり重視…	重視する	あまり…	やや重…	やや重…
7	7	30	子供あり	ない	ない	ない	ない	あまり…	やや重視す…	重視する	あまり重視…	重視する	重視し…	やや重…	あまり…
8	8	35	一人暮らし	ない	ない	ない	ある	やや重…	あまり重視…	重視する	あまり重視…	重視する	やや重…	重視する	やや重…
9	9	34	親と同居	ある	ない	ある	ある	重視し…	重視しない	重視する	重視しない	重視する	あまり…	重視する	重視する
10	10	35	一人暮らし	ある	ない	ある	ない	やや重…	やや重視す…	やや重…	重視する	やや重…	重視し…	重視する	やや重…
11	11	31	一人暮らし	ある	ある	ある	ある	重視し…	重視しない	重視する	あまり重視…	重視する	やや重…	やや重…	重視する
12	12	30	一人暮らし	ない	ない	ない	ある	やや重…	やや重視す…	あまり…	やや重視す…	やや重…	重視し…	やや重…	あまり…
13	13	39	一人暮らし	ない	ない	ない	ない	重視する	重視する	重視し…	重視する	あまり…	重視し…	重視し…	重視し…
14	14	28	一人暮らし	ある	ない	ある	ある	重視し…	重視しない	やや重…	あまり重視…	やや重…	やや重…	重視する	重視する
15	15	30	夫婦2人	ない	ある	ない	ある	重視し…	重視しない	やや重…	重視しない	あまり…	あまり…	重視する	重視する
16	16	36	一人暮らし	ない	ある	ない	ない	あまり…	あまり重視…	やや重…	あまり重視…	やや重…	あまり…	重視する	あまり…
17	17	38	子供あり	ない	ない	ない	ない	やや重…	やや重視す…	あまり…	やや重視す…	あまり…	重視し…	やや重…	あまり…
18	18	33	一人暮らし	ない	ない	ある	ある	重視し…	重視しない	やや重…	重視しない	やや重…	あまり…	重視し…	重視する
19	19	30	子供あり	ない	ある	ある	ない	重視し…	重視しない	やや重…	あまり重視…	あまり…	やや重…	重視する	重視する
20	20	34	一人暮らし	ない	ない	ない	ない	やや重…	やや重視す…	あまり…	重視する	あまり…	重視し…	重視し…	あまり…
21	21	29	子供あり	ある	ない	ある	ある	重視し…	重視しない	あまり…	重視しない	あまり…	あまり…	やや重…	重視する
22	22	23	子供あり	ない	ある	ない	ない	重視する	重視する	重視する	重視する	重視する	重視し…	重視する	重視し…
23	23	27	夫婦2人	ない	ない	ない	ある	やや重…	やや重視す…	やや重…	やや重視す…	やや重…	あまり…	重視する	あまり…
24	24	39	一人暮らし	ある	ない	ある	ない	やや重…	重視する	あまり…	あまり重視…	やや重…	やや重…	重視する	重視する

Section 2.3 データのクリーニングをしよう

データの入力が間違っていると，分析結果が無意味になります．

そこで……

間違ったデータを見つけ，そのデータを修正をする方法は？

●── データの入力ミスの修正

手順 1　メニューバーの **分析(A)** をクリックすると，

次のようにメニューが現れます．

その中から，**記述統計(E)** を選択．

さらに，サブメニューから **度数分布表(F)** を選びます．

ファイル(F)　編集(E)　表示(V)　データ(D)　変換(T)　分析(A)　グラフ(G)　ユーティリティ(U)　拡張機能(X)　ウィンドウ(W)

報告書(P)
記述統計(E)
ベイズ統計(B)
テーブル(B)
平均の比較(M)
一般線型モデル(G)
一般化線型モデル(Z)
混合モデル(X)
相関(C)
回帰(R)
対数線型(O)
ニューラル ネットワーク(W)
分類(F)
次元分解(D)
尺度(A)
ノンパラメトリック検定(N)
時系列(T)
生存分析(S)
多重回答(U)
欠損値分析(Y)...
多重代入(T)

度数分布表(F)...
記述統計(D)...
探索的(E)...
クロス集計表(C)...
TURF 分析
比率(R)...
正規 P-P プロット(P)...
正規 Q-Q プロット(Q)...

手順 2　次の画面になったら，入力ミスがあるかどうか調べたい変数を左の項目から選び，［➡］をクリックして **変数(V)** の中へ移動します．そして，**OK** ボタンをクリックします．

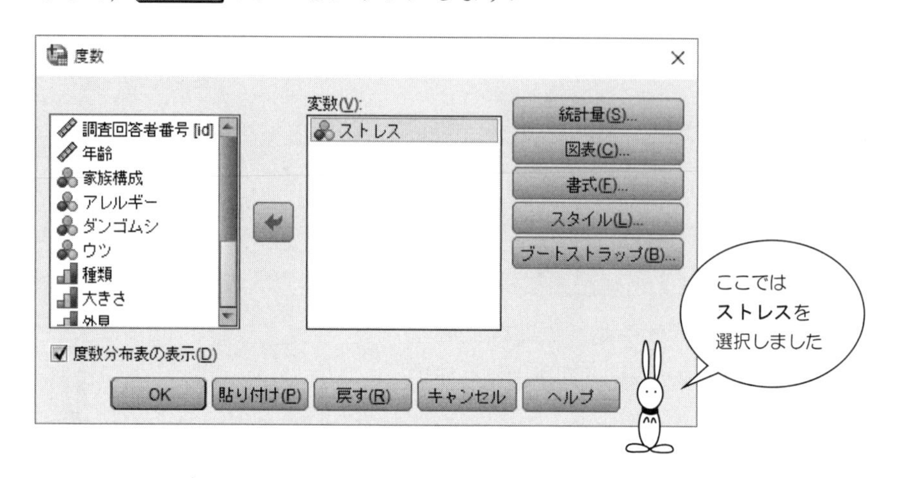

手順 3　入力ミスがあると，次のように回答以外の値が現れます．この例では3が入力ミスとわかります．

ストレス

		度数	パーセント	有効パーセント	累積パーセント
有効	ある	42	42.0	42.0	42.0
	ない	57	57.0	57.0	99.0
	3	1	1.0	1.0	100.0
	合計	100	100.0	100.0	

入力ミスが
ありました

これは便利です！

手順4　入力ミスが見つかったら，その値がどこにあるか探しましょう．
そこで，まず，ストレスの列を選択します．

	id	年齢	家族構成	アレルギー	ダンゴムシ	ストレス	ウツ	種類	大き
1	1	29	1	2	2	2	2	4	
2	2	29	4	2	1	1	2	1	
3	3	29	1	1	2	2	2	3	
4	4	37	3	2	1	1	1	1	
5	5	31	1	1	1	1	1	1	
6	6	33	3	2	2	1	1	2	
7	7	30	4		2	2	2	2	
8	8	35			2	2	1	3	
9	9	34			2	1	1	1	
10	10	35			2	1	2	3	
11	11	31			1	1	1	1	
12	12	30	1	2	2	2	1	3	
13	13	39	1	2	2	2	2	4	
14	14	28	1	1	2	1	1	1	
15	15	30	3	2	1	2	1	1	
16	16	36	1	2	1	2	2	2	
17	17	38	4	2	2	2	2	3	

項目名のところを
クリックすることで
１列全部が選択できます

手順5　編集(E) をクリックし，検索(F) を選択．

ファイル(F)　編集(E)　表示(V)　データ(D)　変換(T)　分析(A)　グラフ(G)　ユーティリティ(U)　拡張機能(X)　ウィンドウ(W)

1:ストレス

元に戻す(U)　Ctrl+Z
やり直し(Y)　Ctrl+Y
切り取り(T)　Ctrl+X
コピー(C)　Ctrl+C
変数名を含めてコピー(Y)
変数ラベルを含めてコピー(L)
貼り付け(P)　Ctrl+V
変数の貼り付け(V)...
変数名を含めて貼り付け(B)
クリア(E)　Delete
変数の挿入(A)
ケースの挿入(I)
データ ファイルの検索
検索(F)...　Ctrl+F

	ギー	ダンゴムシ	ストレス	ウツ	種類	大き
1	2	2	2	2	4	
2	2	1	1	2	1	
3	1	2	2	2	3	
4	2	1	1	1	1	
5	1	1	1	1	1	
6	2	2	1	1	2	
7	2	2	2	2	2	
8	2	2	2	1	3	
9	1	2	1	1	1	
10	1	2	1	2	3	
11	1	1	1	1	1	
12	2	2	2	1	3	

手順 6　次のような画面が現れます．

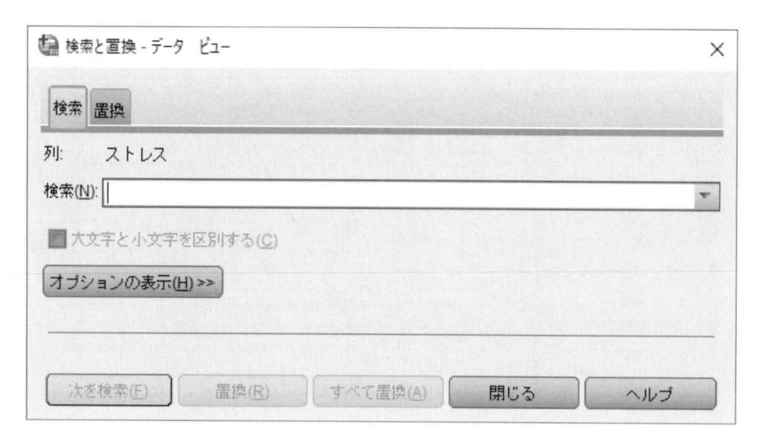

手順 7　検索(N) に 3 と入力し， 次を検索(F) をクリックします．

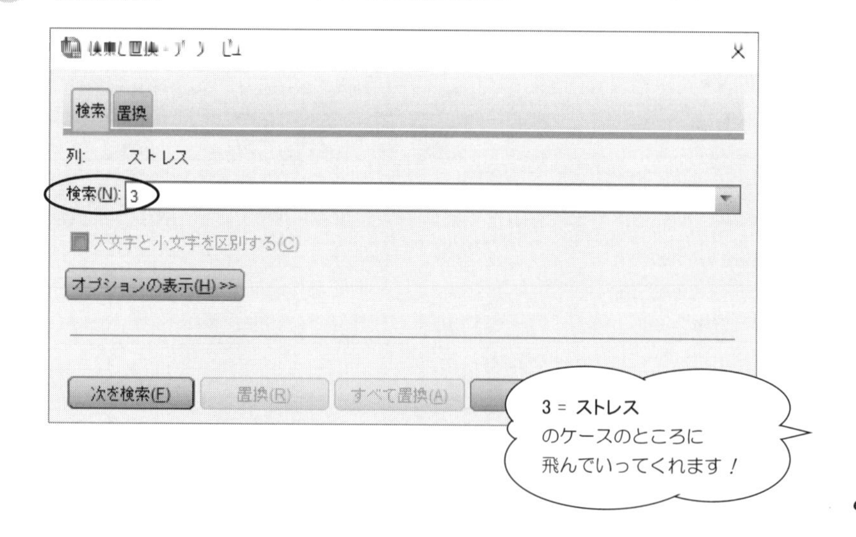

手順 8　次のように，3 と回答した調査回答者の ID 番号がわかります．

	id	年齢	家族構成	アレルギー	ダンゴムシ	ストレス	ウツ	種類	大き
50	50	37	4	2	1	1	1	1	
51	51	28	1	1	1	2	1	3	
52	52	35	4	2	1	1	2	1	
53	53	29	1	2	2	2	2	4	
54	54	35	1	1	2	2	2	2	
55	55	34	1	1	2	2	2	3	
56	56	26	1	1	2	2	2	3	
57	57	30	5	1	2	1	2	1	
58	58	29	1	2	2	2	2	2	
59	59	35	4	1	2	2	2	4	
60	60	31	4	2	1	2	2	3	
61	61	29	3	1	1	1	1	2	
62	62	30	4	[illegible]	1	2	2	4	
63	63	36	1	[illegible]	[illegible]	2	2	4	
64	64	38	1	[illegible]	[illegible]	2	2	2	
65	65	29	1	[illegible]	2	1	1	1	
66	66	36	1	1	1	1	1	2	
67	67	26	1	2	2	2	2	4	
68	68	27	4	1	2	2	1	1	
69	69	33	1	1	1	3	2	1	
70	70	26	4	1	1	1	1	2	

間違えたのは
69 の ID 番号の
人でした

手順 9　ID 番号 69 の人のアンケート調査票の回答をもう一度見直して，
入力し直します．

●── データの矛盾の見つけ方

データの入力ミスがなくても，回答が矛盾している場合があります．

たとえば……

例

項目 A：あなたは，お酒を飲みますか？

1. 飲まない　　2. ときどき飲む　　3. いつも飲む

項目 B：あなたは，次のどの飲み物が好きですか？

1. 赤ワイン　　2. 白ワイン　　3. ミネラルウォーター

このとき，「1. 飲まない」と回答したのに「1. 赤ワイン」と答えたデータがあれば，そのデータは矛盾していることになります．

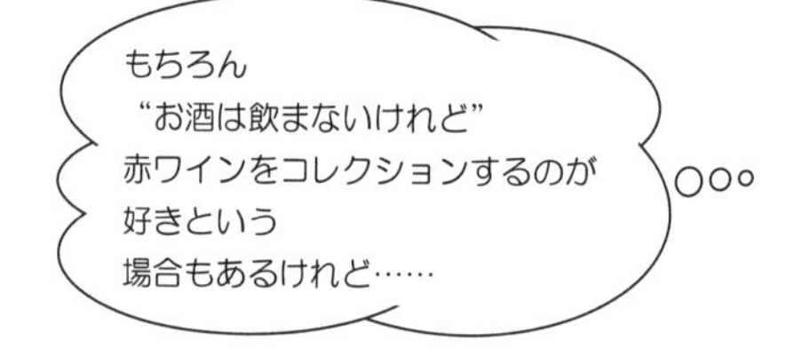

では，このようなデータをどのように見つければよいのでしょうか？

手順 **1**　はじめに，分析(A) をクリックします．

メニューの中から 記述統計(E) を選択し，

さらに，サブメニューの中から クロス集計表(C) を選択すると……

手順 **2**　次のような画面になります．

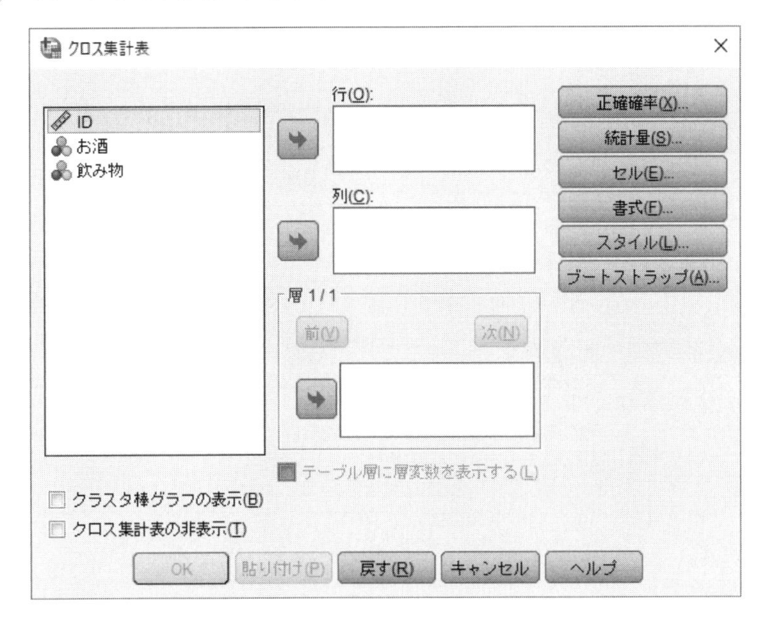

手順 3 行(O) には飲み物を，列(C) にはお酒を移動して，
あとは，OK ボタンをクリック．

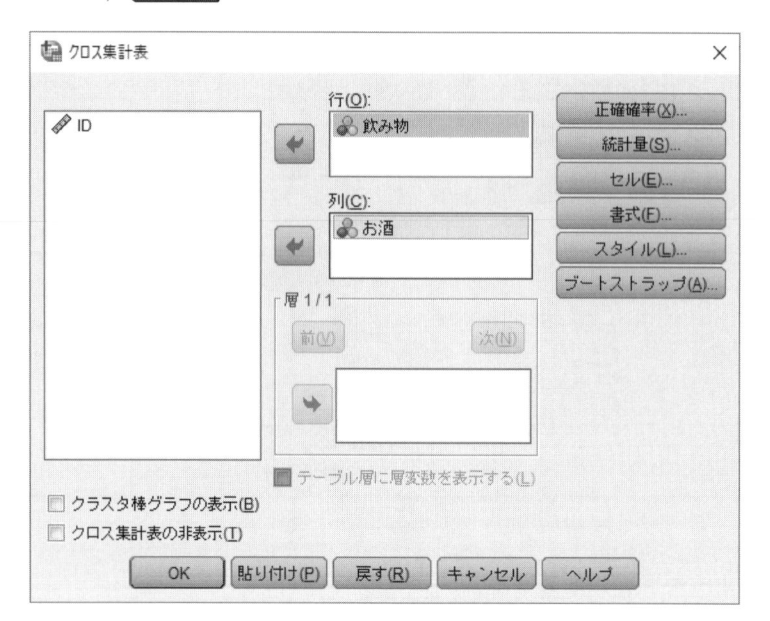

次のようなクロス集計表になれば，いいのですが……

飲み物 と お酒 のクロス表

度数

		お酒			
		飲まない	ときどき飲む	毎日飲む	合計
飲み物	赤ワイン	0	8	12	20
	白ワイン	0	14	2	16
	ミネラルウォーター	13	7	4	24
合計		13	29	18	60

次のようになった場合は，どこかに矛盾がありますね！

飲み物 と お酒 のクロス表

度数

		お酒			
		飲まない	ときどき飲む	毎日飲む	合計
飲み物	赤ワイン	1	8	12	21
	白ワイン	0	14	2	16
	ミネラルウォーター	12	7	4	23
合計		13	29	18	60

これだと
どこか変？！

このように，データの矛盾が見つかったら……

手順 4 から **手順 9** （p.59～61）を参考にして，データを修正します．

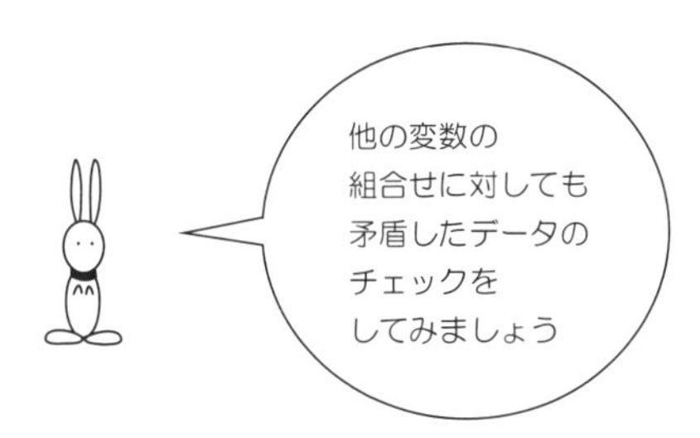

Section 2.4 大切なデータの保存と管理方法

大切なデータは，必ず保存しましょう．

手順 1 メニューバーの ファイル(F) をクリックすると，メニューの中に 名前を付けて保存(A) がみつかります．これをクリックすると……

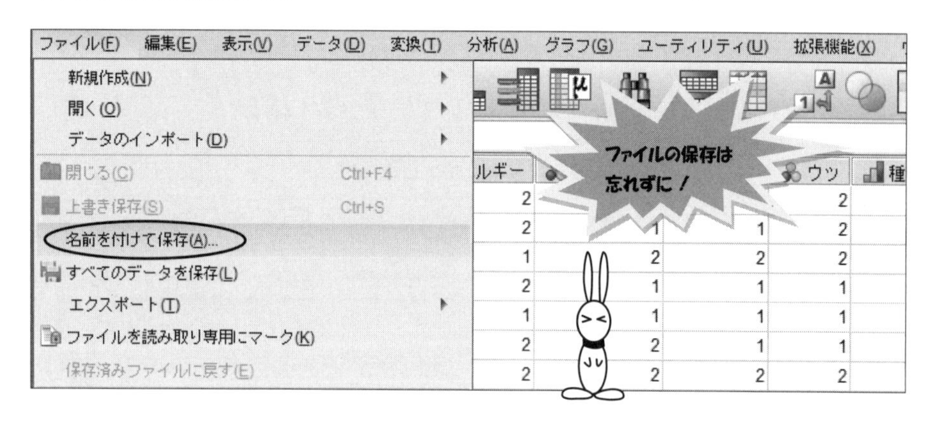

手順 2 次の画面になるので，保存したい場所を選択します．

名前を付けてデータを保存
ファイルの場所(I): Desktop
user
PC
ライブラリ
ネットワーク
ここでは
Desktop に
保存してみます
変数 15 の 15 を保持します。
ファイル名(N):
次のタイプで保存(T): SPSS Statistics (*.sav)
変数(V)...
保存(S)
貼り付け(P)

手順 3　ファイル名 に，ファイルの名前を入力し， 保存 を
クリックします．

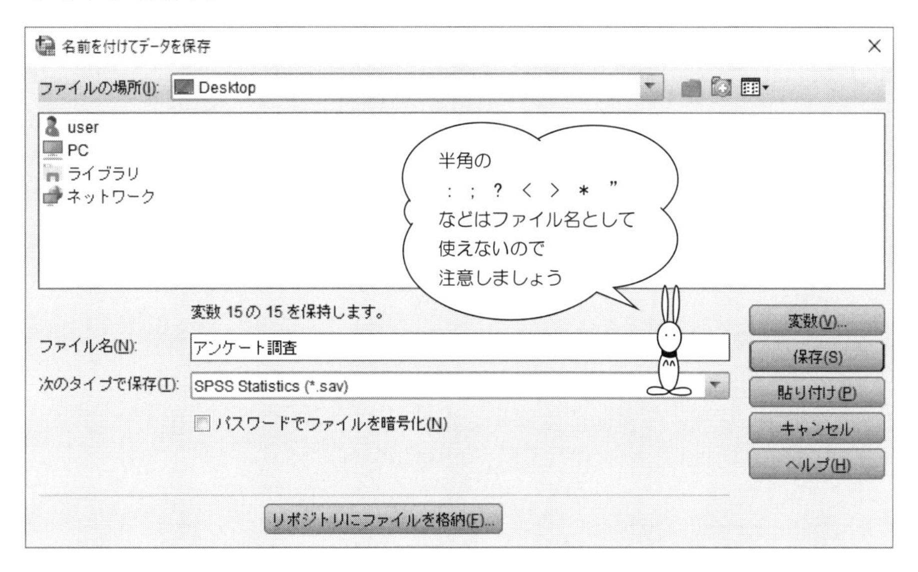

手順 4　上書き保存をしたいときには， ファイル(F) ⇨ 上書き保存(S) を
選択します．

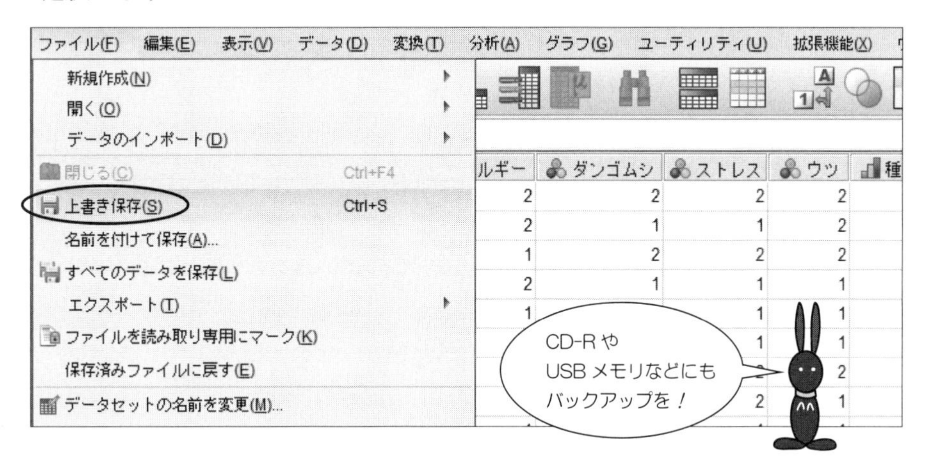

Section 2.5 調査データの選択をしよう

ダンゴムシの質問は……

> **項目 1.4** あなたは，ダンゴムシを飼育したことがありますか？
>
> 1. ある　　　2. ない

となっています．

そこで，

［ダンゴムシ］を飼育したことが 1. ある

と回答した人たちの調査データを選択してみましょう．

手順 1　メニューの データ(D) から， ケースの選択(S) をクリック．

ファイル(F)　編集(E)　表示(V)　データ(D)　変換(T)　分析(A)　グラフ(G)　ユーティリティ(U)　拡張機能(X)　ウィンドウ(W)

- 変数プロパティの定義(V)...
- 不明の測定の尺度を設定(L)...
- データ プロパティのコピー(C)
- 新しいユーザー指定の属性(B)...
- 日付と時刻を定義(E)...
- 多重回答グループの定義(M)...
- 検証(L)
- 重複ケースの特定(U)...
- 例外ケースの特定(I)...
- データセットの比較(P)...
- ケースの並べ替え(O)...
- 変数の並べ替え(B)...
- 行と列の入れ換え(N)...
- ファイル間での文字列幅の調整
- ファイルの結合(G)
- 再構成(R)...
- 傾斜重み付け...
- 傾向スコアによる一致...
- ケース コントロールの一致...
- グループ集計(A)...
- 直交計画(H)
- 複数のファイルに分割
- データセットをコピー(D)
- ファイルの分割(F)...
- ケースの選択(S)...
- ケースの重み付け(W)...

	ID	年齢	ムシ	ストレス	ウツ	種類	大き
1	1	29	2	2	2	4	
2	2	29	1	1	2	1	
3	3	29	2	2	2	3	
4	4	37	1	1	1	1	
5	5	31	1	1	1	1	
6	6	33	2	1	1	2	
7	7	30	2	2	2	2	
8	8	35	2	2	1	3	
9	9	34	2	1	1	1	
10	10	35	2	1	2	3	
11	11	31	1	1	1	1	
12	12	30	2	2	1	3	
13	13	39	2	2	2	4	
14	14	28	2	1	1	1	
15	15	30	1	2	1	1	
16	16	36	1	2	2	2	
17	17	38	2	2	2	3	
18	18	33	2	1	1	1	
19	19	30	1	1	2	1	
20	20	34	2	2	2	3	
21	21	29	2	1	1	1	
22	22	23	1	2	2	4	
23	23	27	2	2	1	3	
24	24	3	2	1	2	3	
25	25	37	1	2	2	1	

手順 2 次のように ○IF 条件が満たされるケース(C) を選んで，IF(I) をクリック．

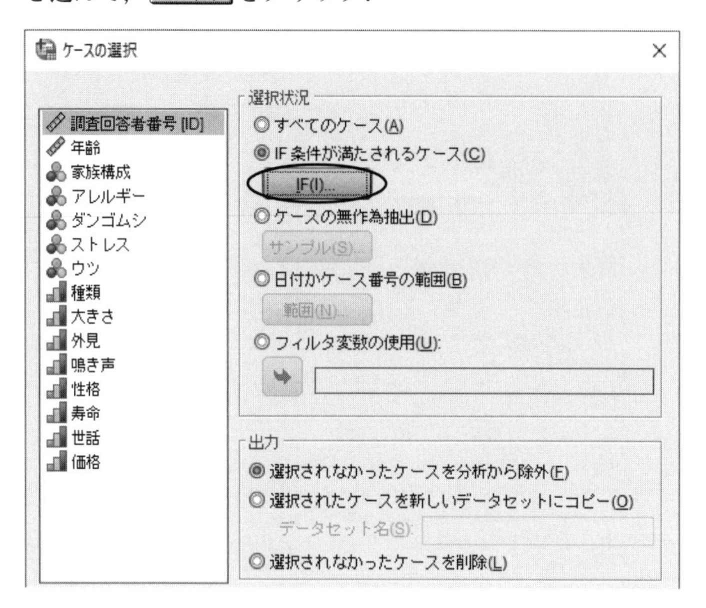

手順 3 続いて，次のように選択の条件を入力したら，続行(C) をクリック．

手順 4　次のように 選択条件 が入ったら， OK をクリックします．

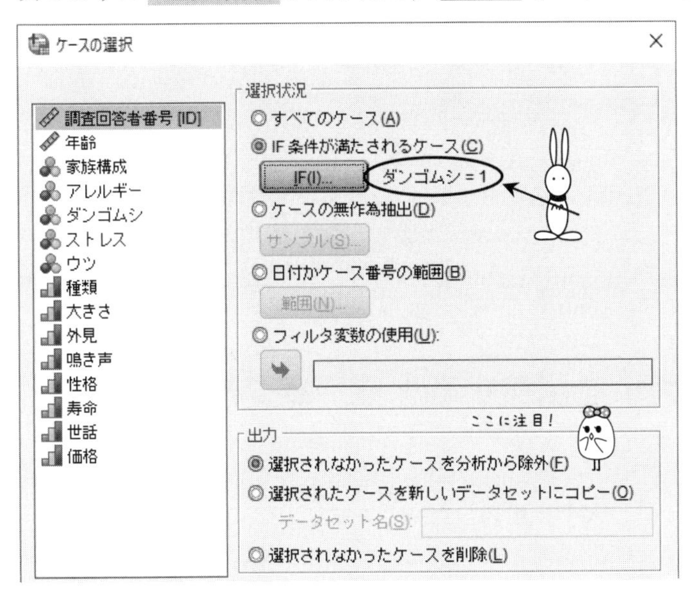

【SPSS によるケースの選択】

次のように， 選択されなかった データのところに斜線が入り，
分析から除外されます．

	ID	年齢	家族構成	アレルギー	ダンゴムシ	ストレス	ウツ	種
1	1	29	1	2	2	2	2	
2	2	29	4	2	1	1	2	
3	3	29	1	1	2	2	2	
4	4	37	3	2	1	1	1	
5	5	31	1	1	1	1	1	
6	6	33	3	2	2	1	1	
7	7	30	4	2	2	2	2	
8	8	35	1	2	2	2	1	
9	9	34	2	1	2	1	1	
10	10	35	1	1	2	1	2	
11	11	31	1	1	1	1	1	
12	12	30	1	2	2	2	1	
13	13	39	1	2	2	2	2	
14	14	28	1	1	2	1	1	

3章 グラフ表現でアンケートデータの特徴をつかもう

データの特徴や特性をとらえるために，データをグラフで表現してみましょう．

Section 3.1 大小を比較するなら，棒グラフ

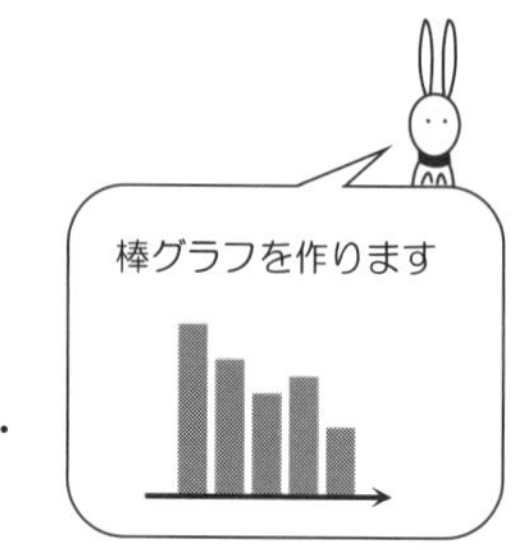

棒グラフは，数や量の大小を比較したいときに適しています．

●── 棒グラフの作成

手順 1 グラフ(G) のメニューから， レガシーダイアログ(L) をクリックすると，次のようなサブメニューが現れるので， 棒(B) を選択します．

legacy とは
“以前からある”
とか
“従来の”
という意味です

手順 **2**　次の画面が現れたら，**単純** を選んで……

手順 **3**　**定義** をクリックすると，次の画面が現れます．

手順 4　家族構成 を カテゴリ軸(X) のワクの中へ移動します.

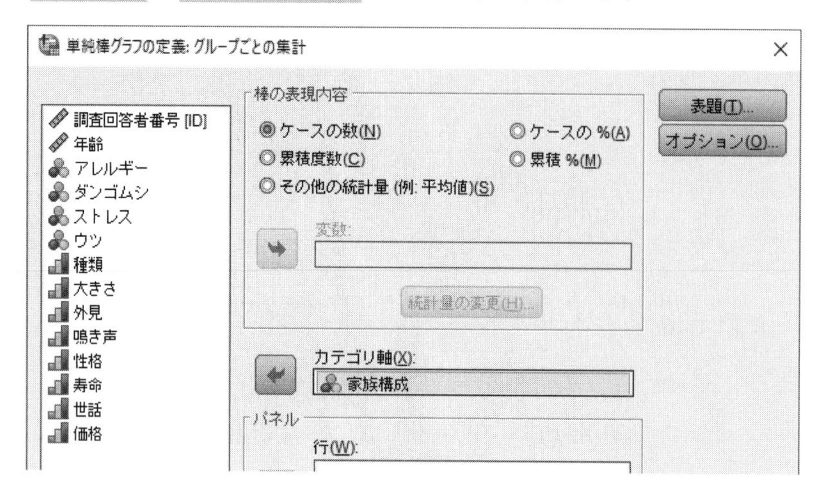

手順 5　あとは, OK ボタンをクリック.

次のような棒グラフができました.

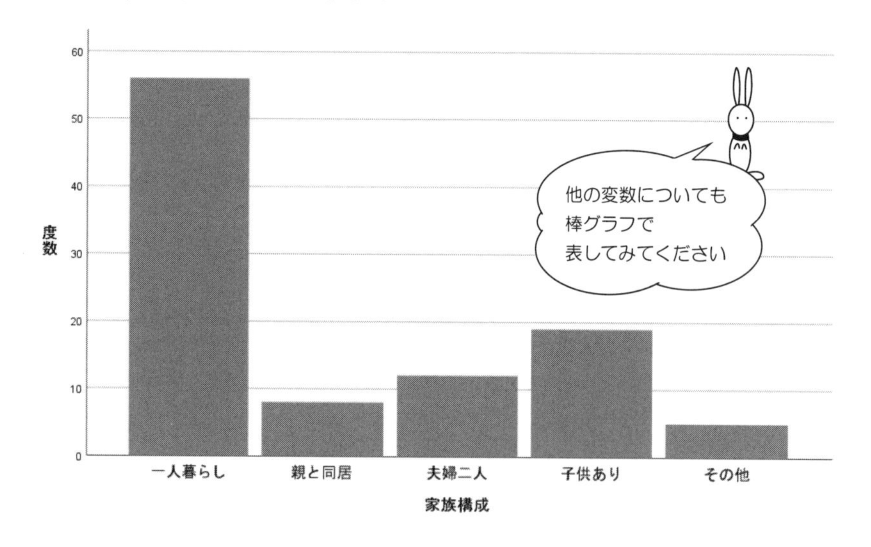

●—— グラフの色，模様などを変更したかったら……

手順 1　グラフの上でダブルクリックすると，図表エディタが開きます．

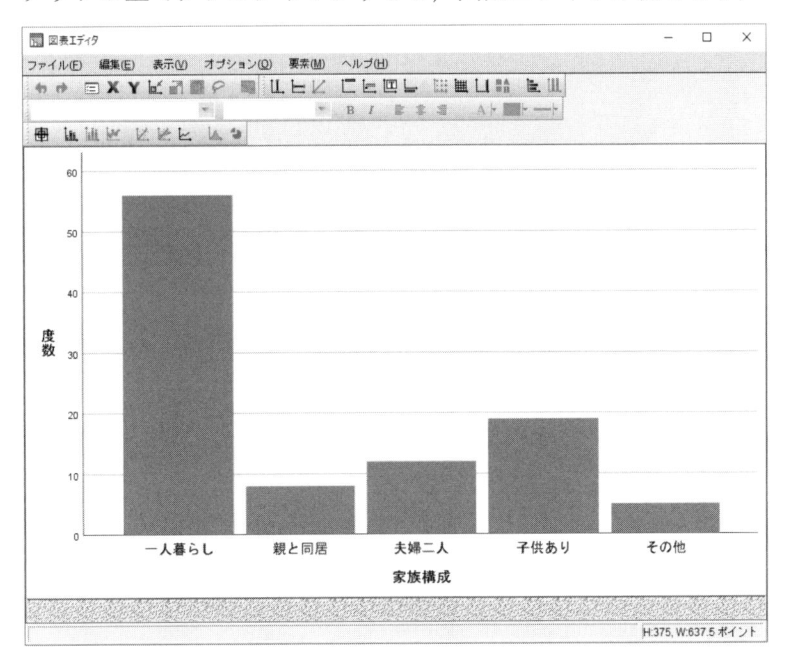

手順 2　棒上でダブルクリックすると，棒のまわりにワクが現れ……

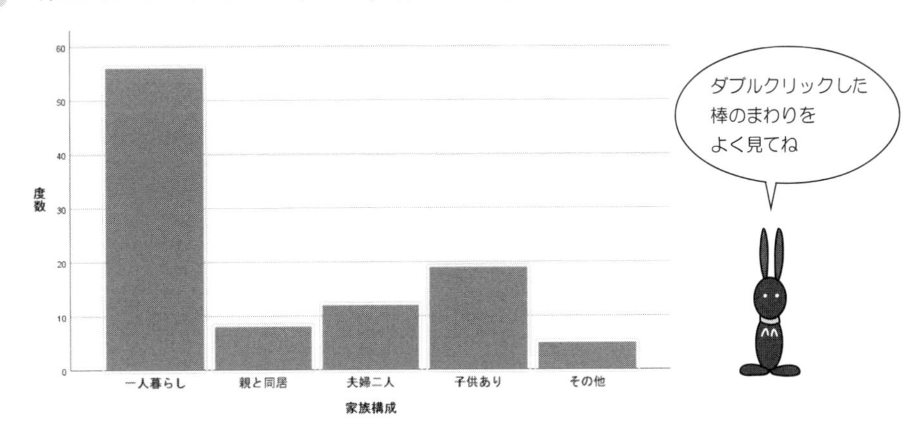

手順 3 プロパティの画面が開きます.

塗りつぶしと枠線 をクリックして色を選び,

さらに, 模様(P) も選んでみましょう.

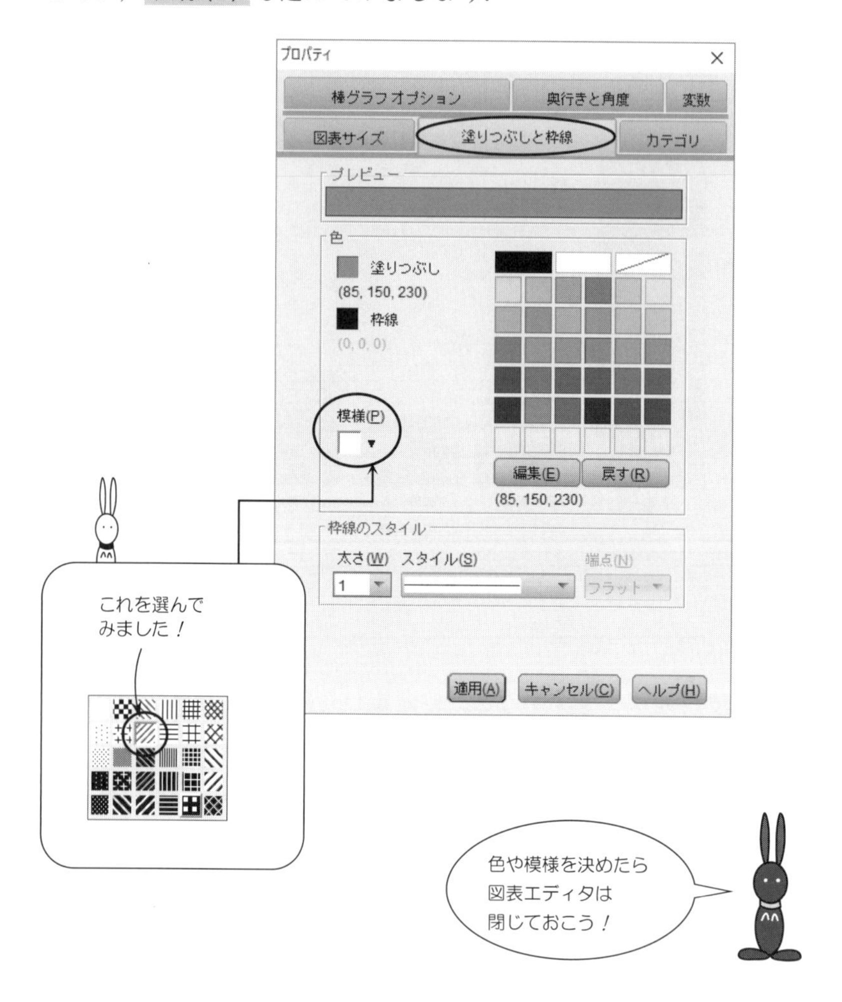

手順4 適用(A) をクリックすると，グラフが次のように変わります．

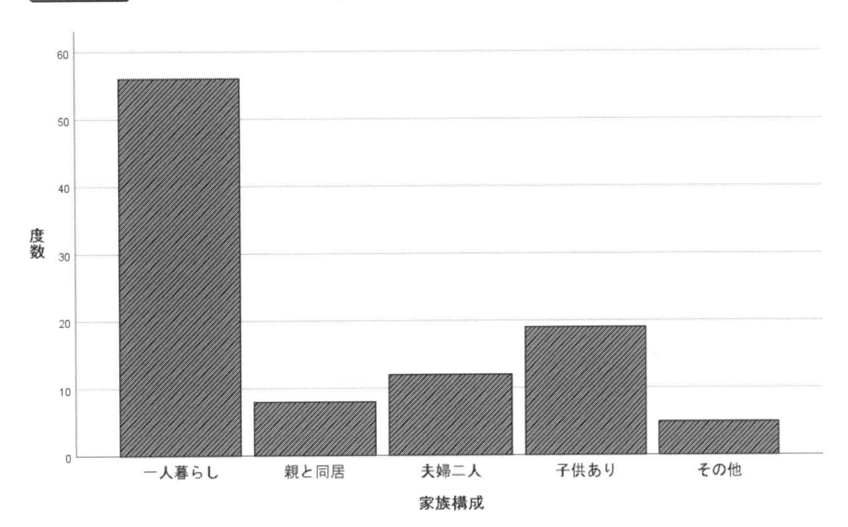

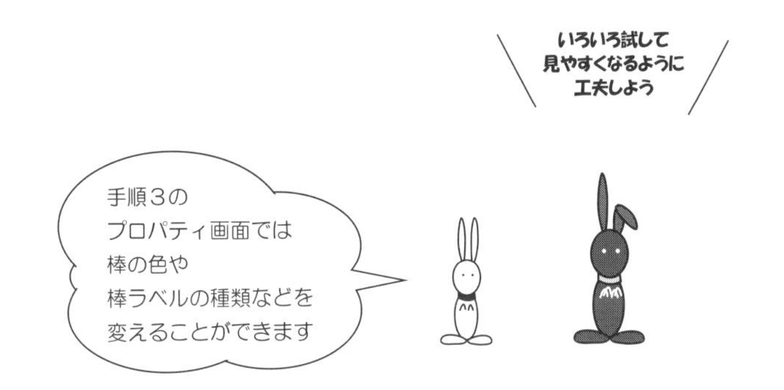

●── スケール軸とカテゴリ軸の変更をしたかったら……

手順 1 スケール軸上でダブルクリックすると，値がワクで囲まれ，プロパティの画面が現れます．

スケール(S) を選んで，スケールの間隔を変えてみましょう．

たとえば，次のように入力して……

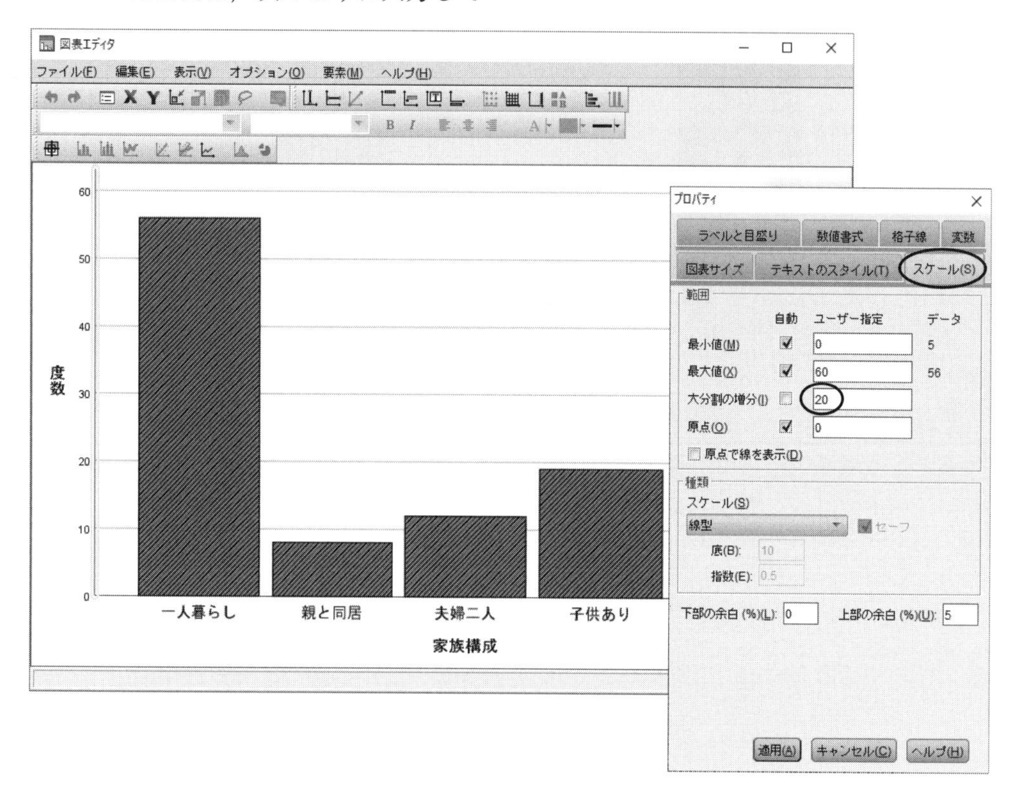

手順 2 [適用] ボタンをクリックすると，次のようになります．

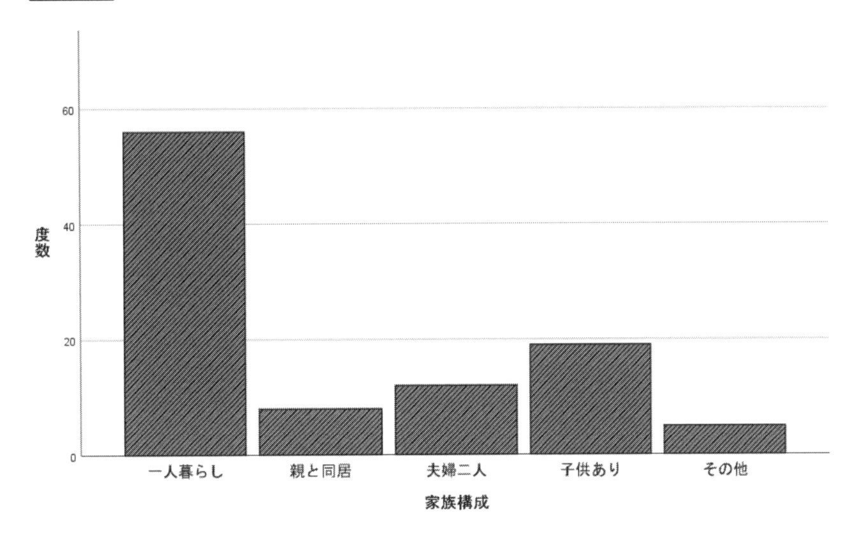

Section 3.2 比率を比較するなら，帯グラフ

帯グラフは，比率やパーセントの比較に適しています．

●── 帯グラフの作成

手順 1　グラフ(G) ⇨ レガシーダイアログ(L) ⇨ 棒(B) をクリックします．

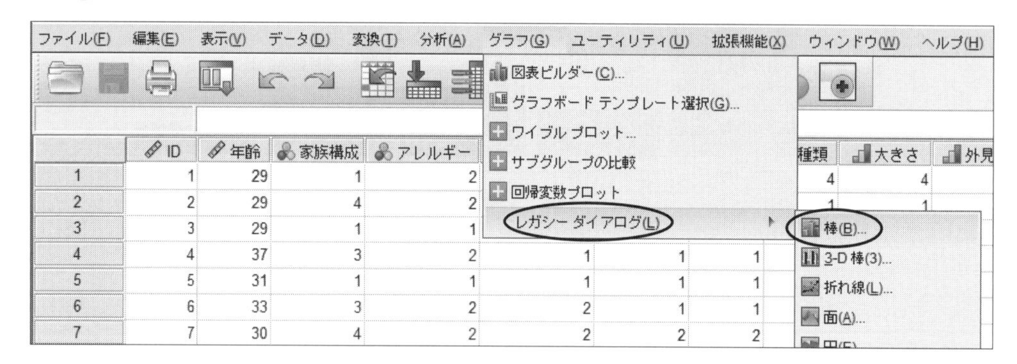

手順 2　現れた画面で， 積み上げ を選択します．

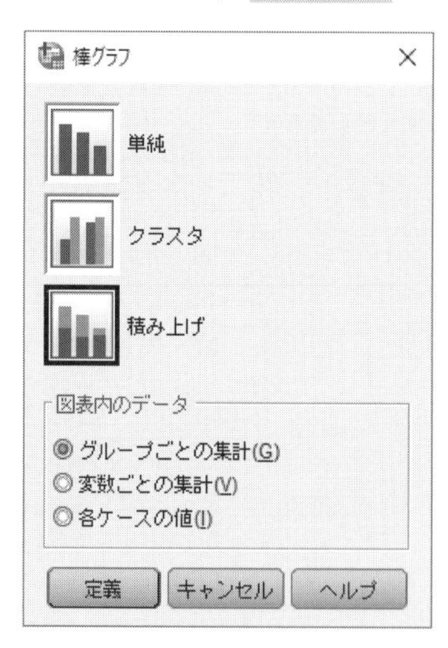

手順 3　定義 をクリックすると，次のような画面になります．

○ケースの%(A) をチェックして， ストレス を カテゴリ軸(X) のワクに，

家族構成 を 積み上げの定義(B) のワクに移動します．

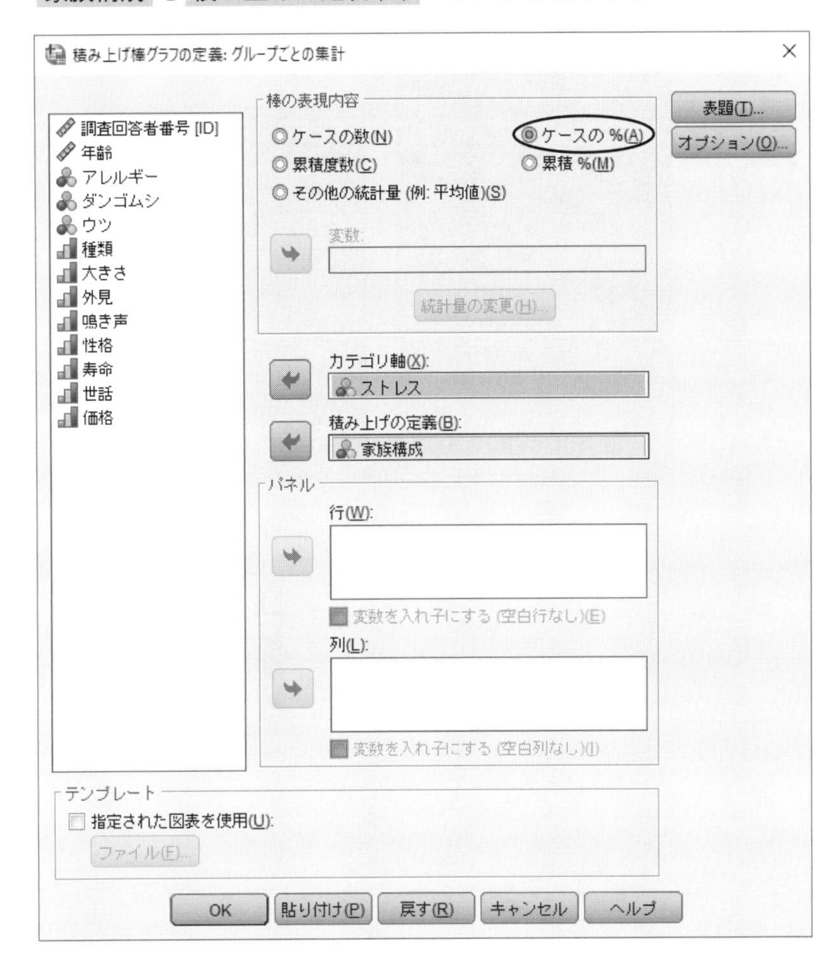

手順 4　OK ボタンをクリックすると，次のようなグラフが現れます．

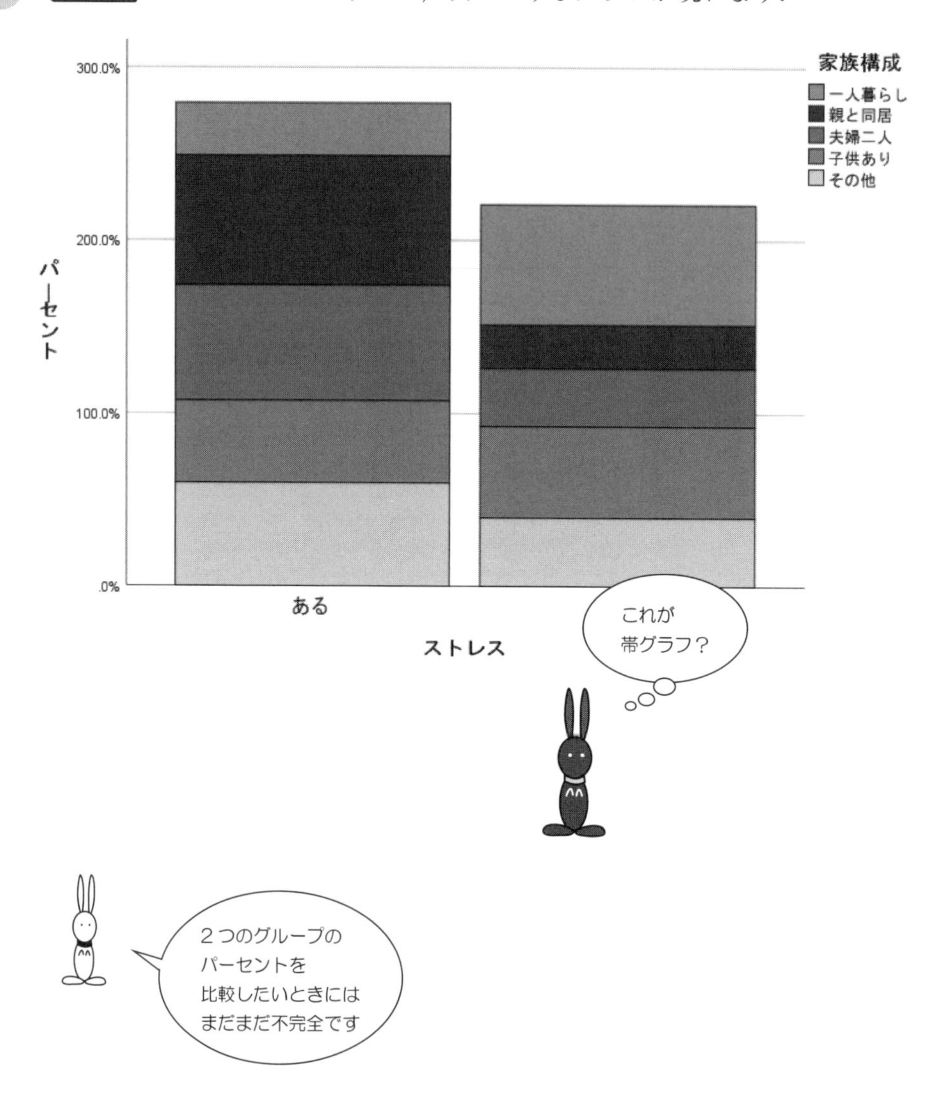

手順 5　このグラフをダブルクリックすると，図表エディタが現れるので，
メニューバーの オプション(O) をクリックし，
メニューの中から 100%に尺度設定(S) を選択します．

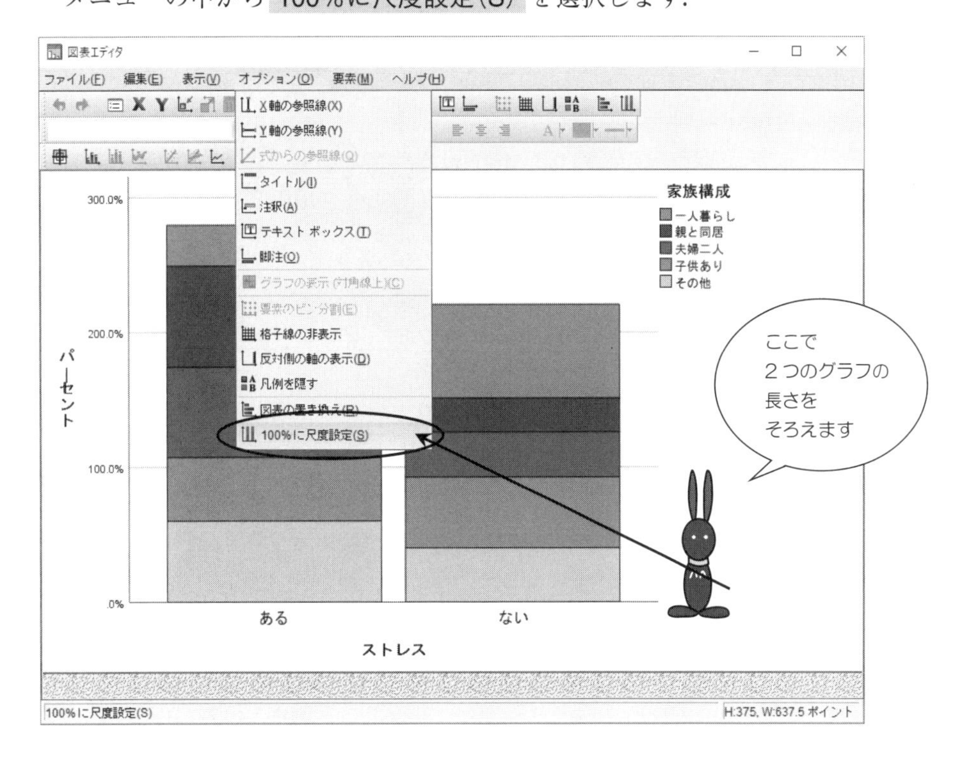

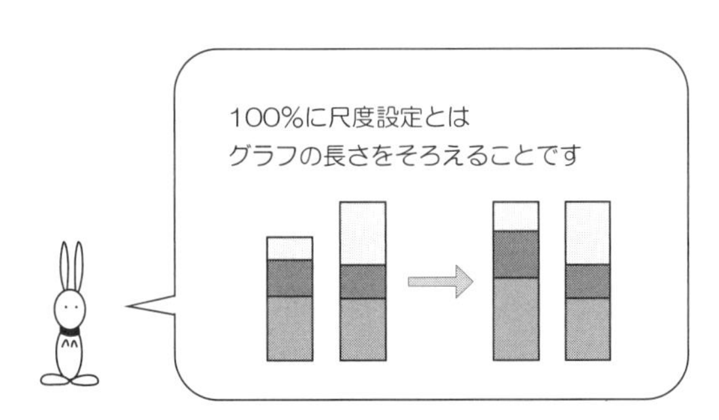

手順 6 次のようになるので，棒グラフと同様に，色や模様，スケール軸などを変えてみましょう．

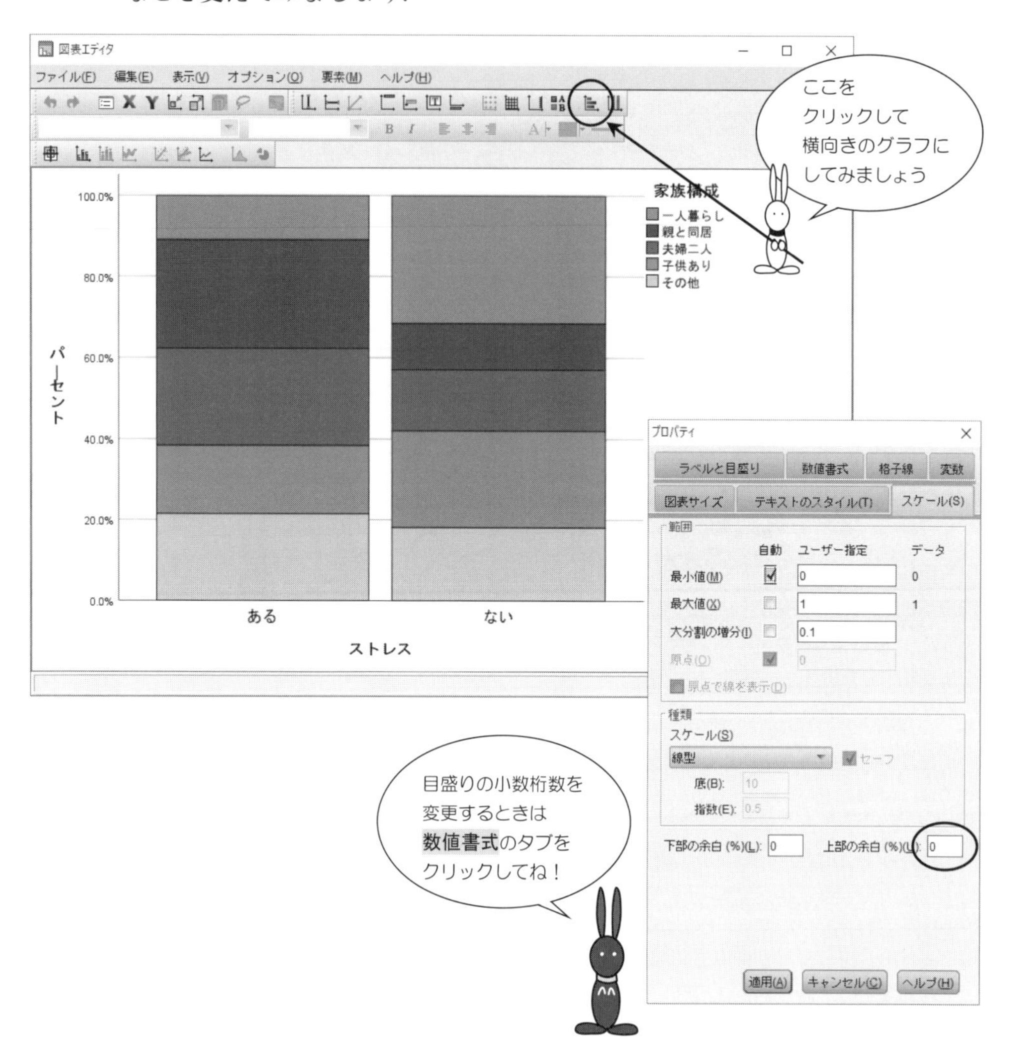

手順 7　このようなグラフが出来上がりました.

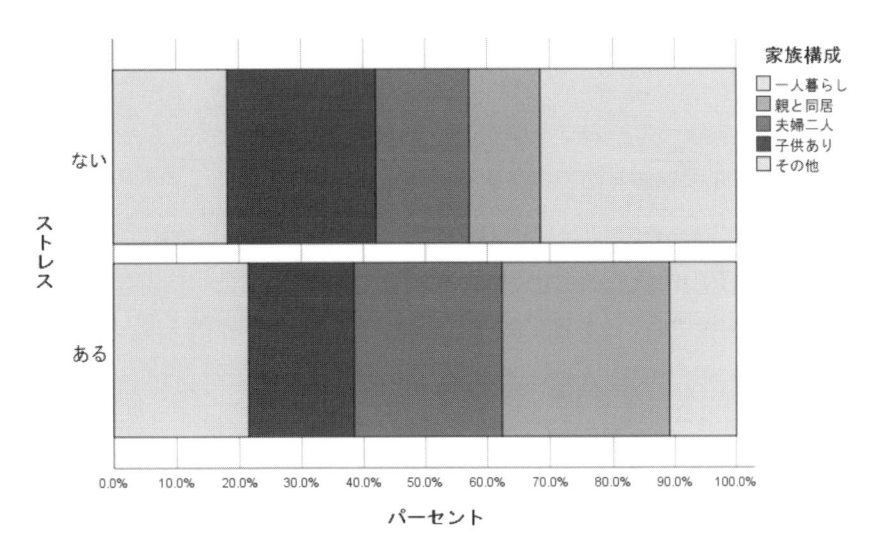

Section 3.3 グラフボードテンプレート選択を利用した描き方

グラフのメニューの中のグラフボードテンプレート選択でも
棒グラフを作成することができます.

●── 棒グラフの作成

手順 1 グラフ(G) ⇨ グラフボードテンプレート選択 (G) をクリックすると……

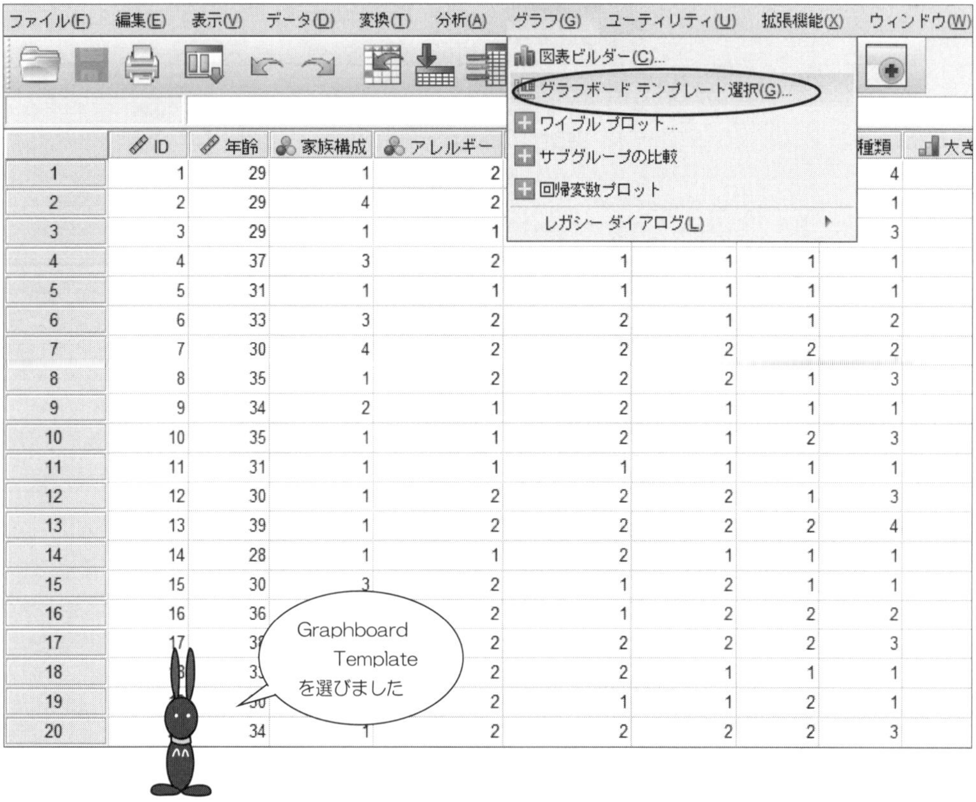

ファイル(F) 編集(E) 表示(V) データ(D) 変換(T) 分析(A) グラフ(G) ユーティリティ(U) 拡張機能(X) ウィンドウ(W)

図表ビルダー(C)...
グラフボード テンプレート選択(G)...
ワイブル プロット...
サブグループの比較
回帰変数プロット
レガシー ダイアログ(L)

	ID	年齢	家族構成	アレルギー				種類	大き
1	1	29	1	2				4	
2	2	29	4	2				1	
3	3	29	1	1				3	
4	4	37	3	2	1	1	1	1	
5	5	31	1	1	1	1	1	1	
6	6	33	3	2	2	1	1	2	
7	7	30	4	2	2	2	2	2	
8	8	35	1	2	2	2	1	3	
9	9	34	2	1	2	1	1	1	
10	10	35	1	1	2	1	2	3	
11	11	31	1	1	1	1	1	1	
12	12	30	1	2	2	2	1	3	
13	13	39	1	2	2	2	2	4	
14	14	28	1	1	2	1	1	1	
15	15	30	3	2	1	2	1	1	
16	16	36		2	1	2	2	2	
17	17			2	2	2	2	3	
18				2	2	1	1	1	
19				2	1	1	2	1	
20		34	1	2	2	2	2	3	

Graphboard
Template
を選びました

手順 **2**　グラフボードテンプレート選択の画面になります.

変数の尺度の種類によって，次のようになるので……

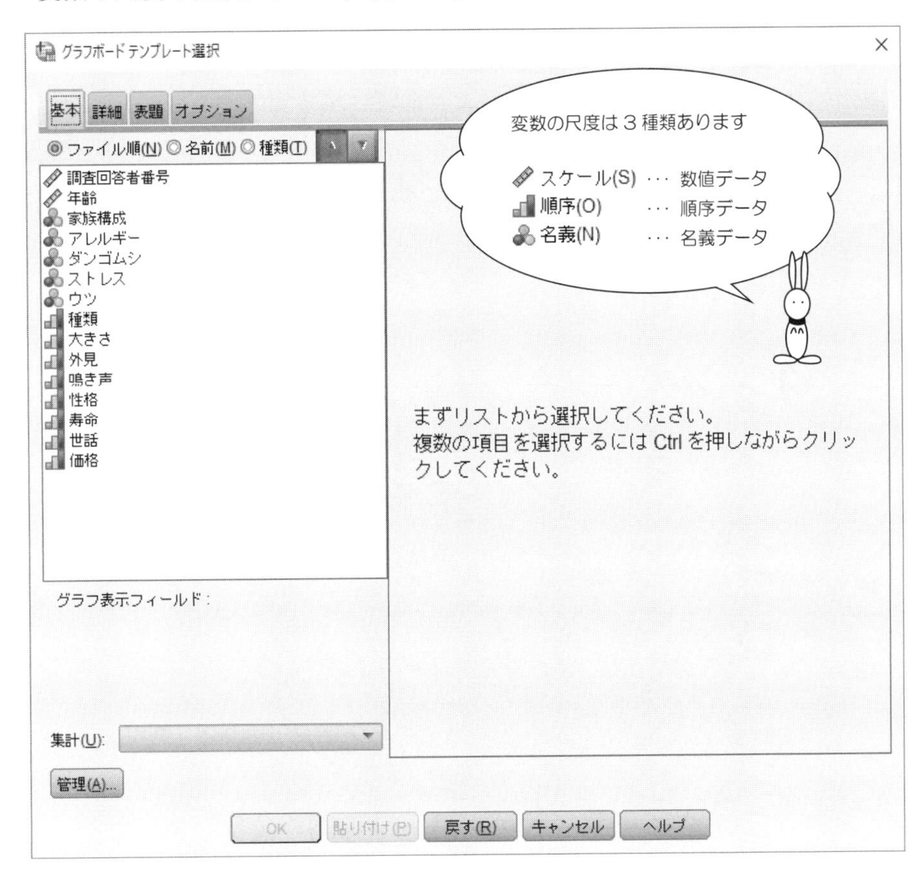

手順 3 家族構成 をクリックして， ビン度数の棒 を選びます.

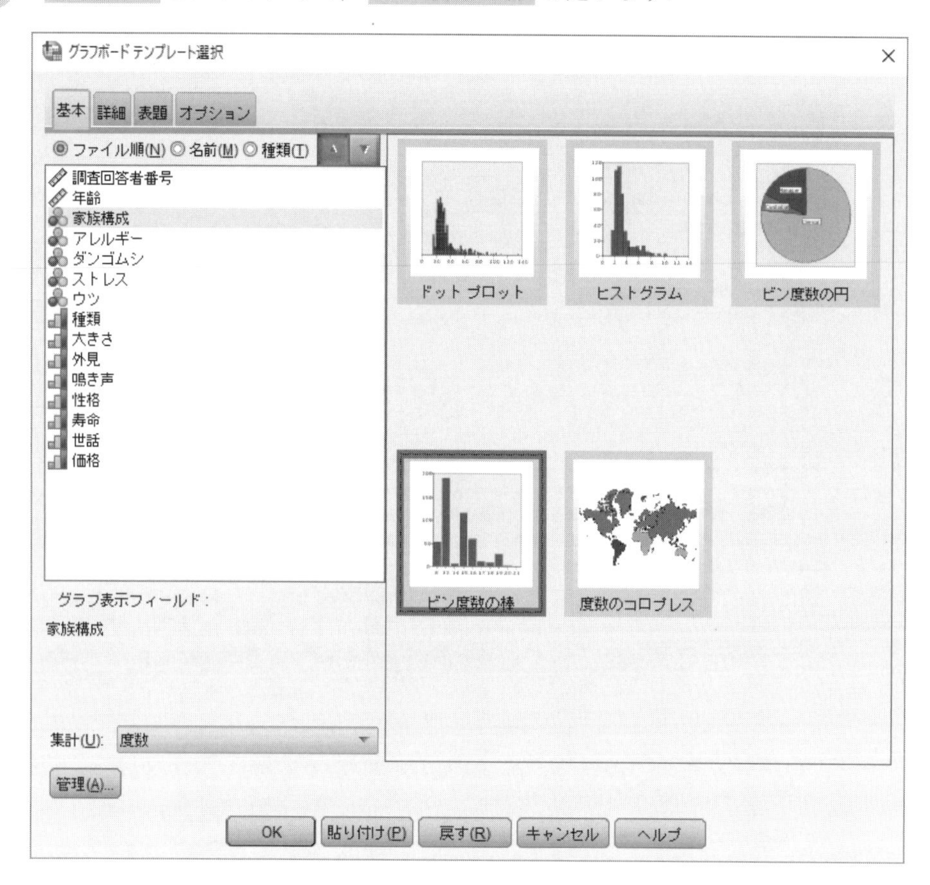

手順 4 詳細 の画面は，次のようになっています．

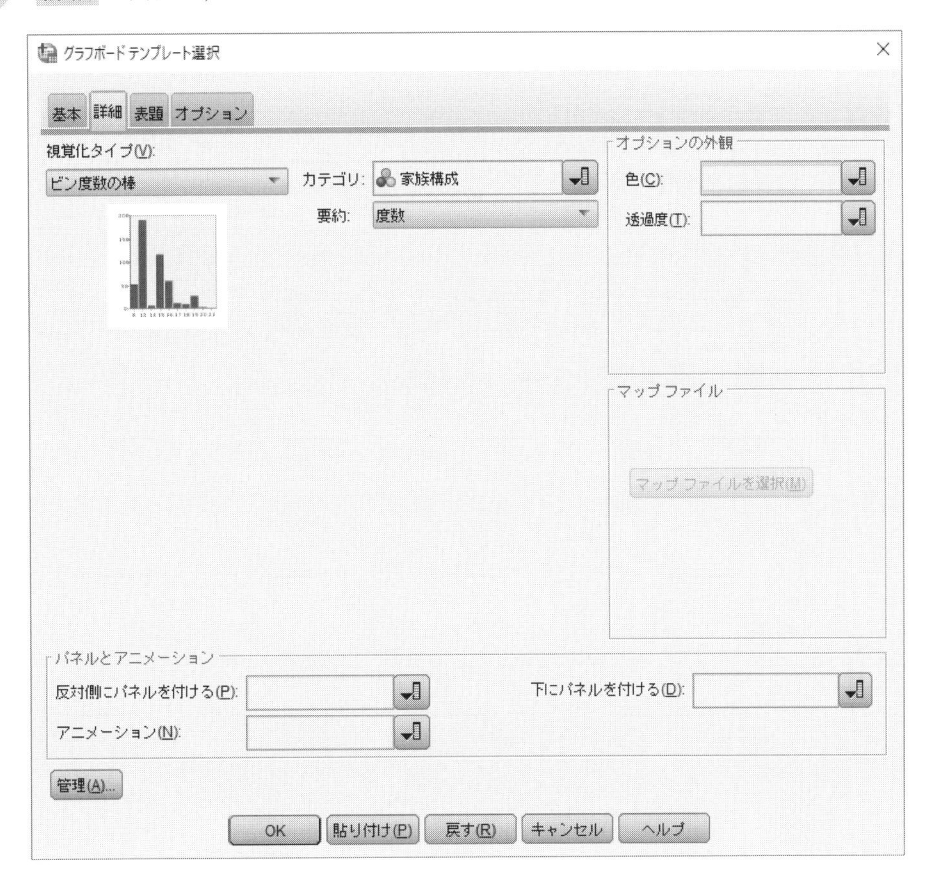

手順 **5** 表題 の画面は，次のようになっています．

ここで

○ユーザー指定の表題を使用

をチェックすると，表題，副題，脚注をつけることができます．

最後に OK ボタンをクリックします．

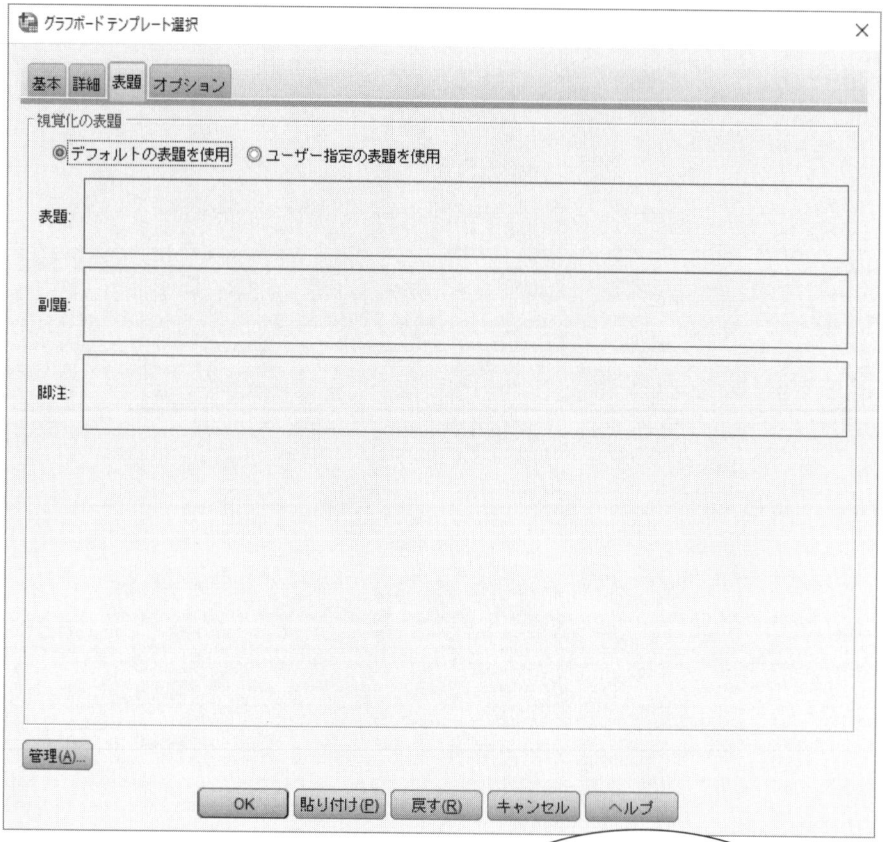

グラフボードテンプレート選択

基本 詳細 表題 オプション

視覚化の表題

◉デフォルトの表題を使用 ◎ユーザー指定の表題を使用

表題:

副題:

脚注:

管理(A)...

OK 貼り付け(P) 戻す(R) キャンセル ヘルプ

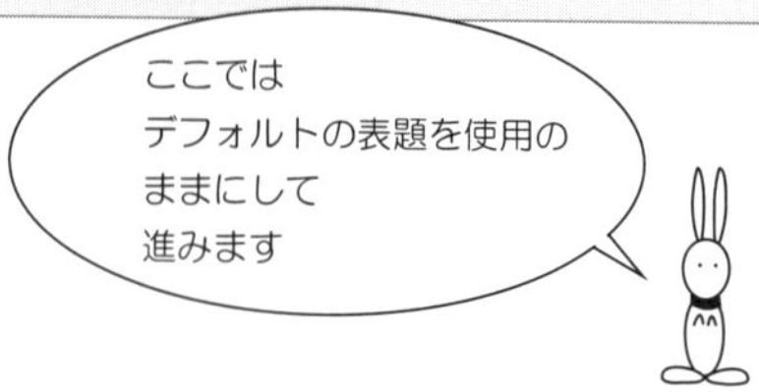

ここでは
デフォルトの表題を使用の
ままにして
進みます

手順 **6** 次のような棒グラフが作成されます.

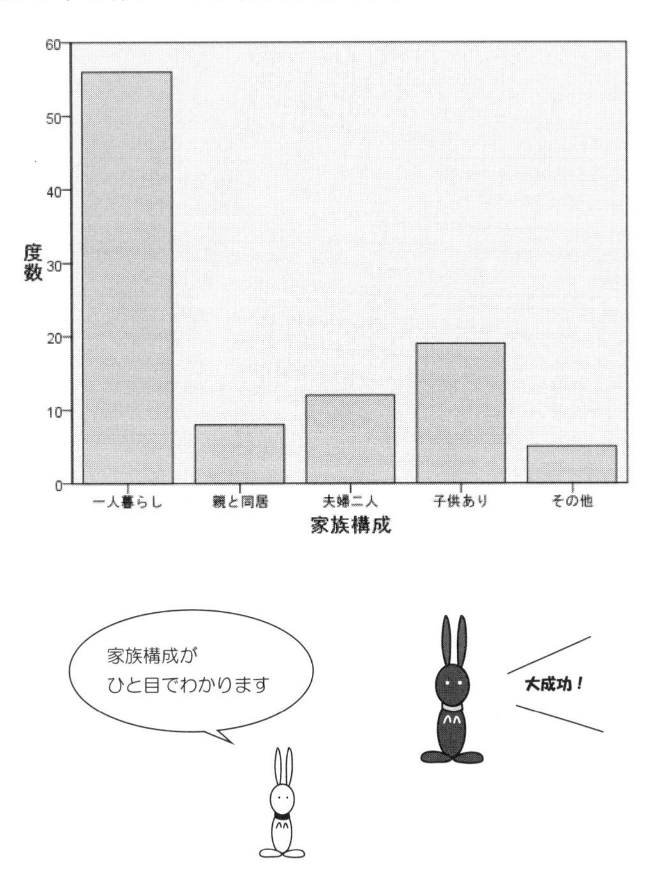

Section 3.4 図表ビルダーを利用した描き方

グラフのメニューの中の図表ビルダーを選択しても，
棒グラフを作成することができます．

●―― 棒グラフの作成

手順 1　グラフ(G) のメニューから 図表ビルダー(C) を選択してみましょう．

ファイル(F)　編集(E)　表示(V)　データ(D)　変換(T)　分析(A)　グラフ(G)　ユーティリティ(U)　拡張機能(X)　ウィンドウ(W)　ヘルプ(H)

図表ビルダー(C)...
グラフボード テンプレート選択(G)...
ワイブル プロット...
サブグループの比較
回帰変数プロット
レガシー ダイアログ(L)

	ID	年齢	家族構成	アレルギー				種類	大きさ	外見	鳴き声	性格
1	1	29	1	2				4	4	1	4	2
2	2	29	4	2				1	1	3	1	3
3	3	29	1	1				3	4	3	3	3
4	4	37	3	2	1	1	1	1	1	4	1	4
5	5	31	1	1	1	1	1	1	1	4	1	4
6	6	33	3	2	2	1	1	2	1	4	2	4
7	7	30	4	2	2	2	2	2	3	4	2	4
8	8	35	1	2	2	2	1	3	2	4	2	4
9	9	34	2	1	2	1	1	1	1	4	1	4
10	10	35	1	1	2	1	2	3	3	3	4	3
11	11	31	1	1	1	1	1	1	1	4	2	4
12	12	30	1	2	2	2	1	3	3	2	3	3
13	13	39	1	2	2	2	2	4	4	1	4	2
14	14	28	1	1	2	1	1	1	1	3	2	3
15	15	30	3	2	1	2	1	1	1	3	1	2
16	16	36	1	2	1	2	2	2	2	3	2	3
17	17	38	4	2	2	2	2	3	3	2	3	2
18	18	33	1	2	2	1	1	1	1	3	1	3
19	19	30	4	2	1	1	2	1	1	3	2	2
20	20	34	1	2	2	2	2	3	3	2	4	2
21	21	29	4	1	2				1	2	1	2
22	22	23	4	2	1				4	4	4	4
23	23	27	3	2	2					3	3	3
24	24	39	1	1	2					2	2	3
25	25	37	3	1	1					3	1	3

図表ビルダーは
Chart Builder のことで
“図表を作成”
という意味だそうです

手順 **2**　次の画面になったら，**OK** ボタンをクリックして先に進みます．

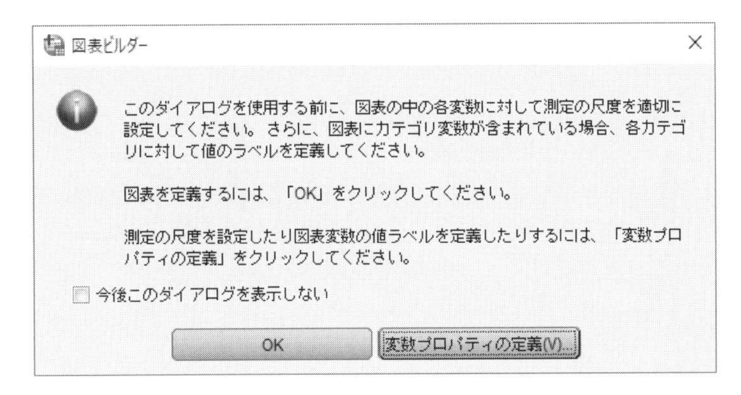

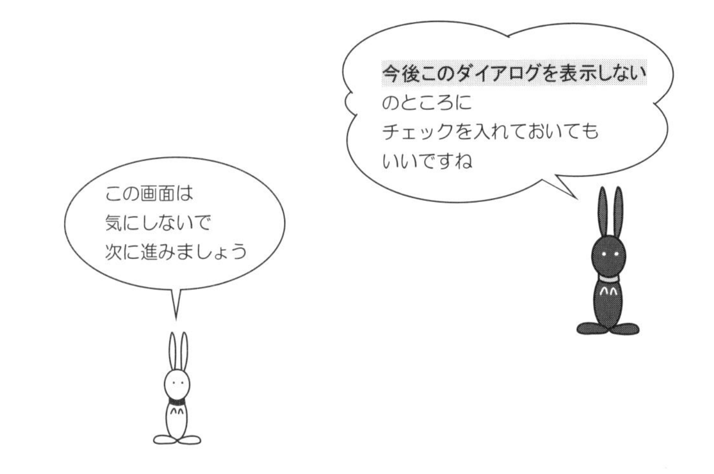

手順 3　次の画面になったら，ギャラリ の中から棒グラフを選び，
右に現れるグラフの中から単純棒グラフをクリック．
そのままドラッグ＆ドロップして上のワクへ移動します．

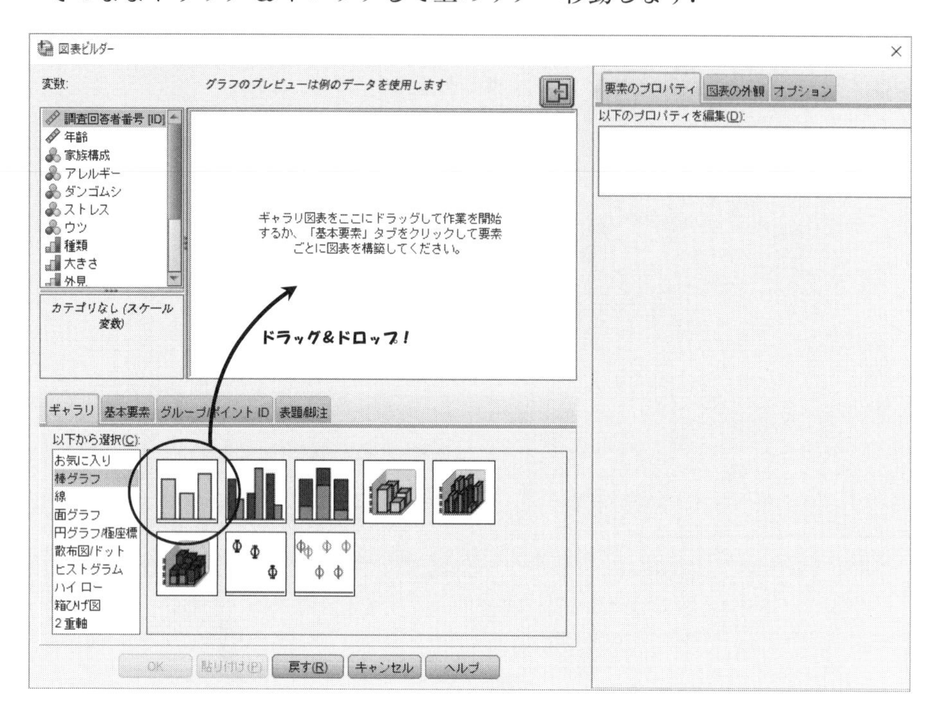

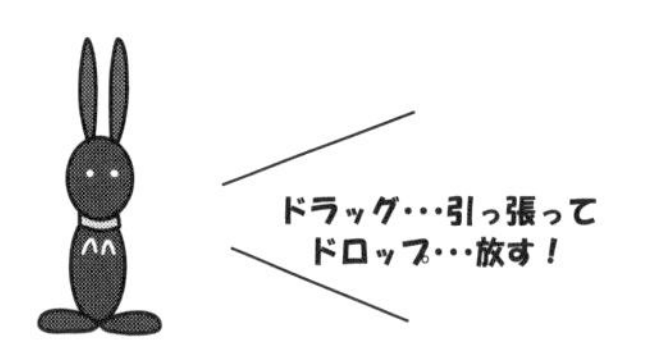

手順 4　ワクの中に棒グラフのようなものが現れ，プロパティ画面も現れます．

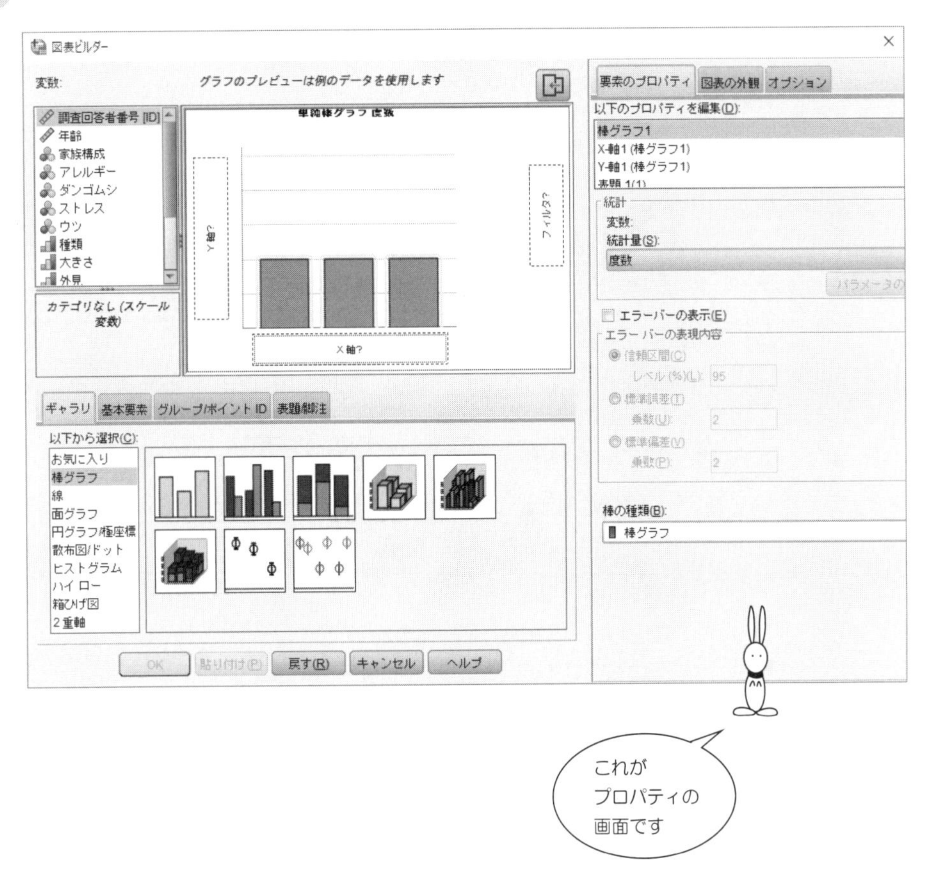

手順 **5**　家族構成 を横軸に移動したら，

あとは，OK ボタンをクリック！

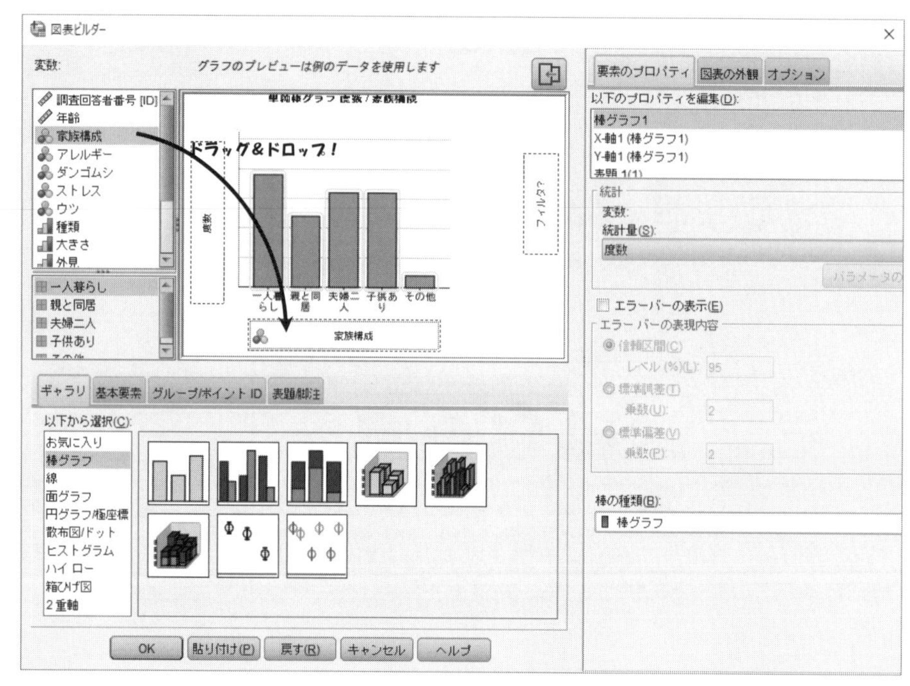

手順 6　次のような棒グラフが描けましたか？

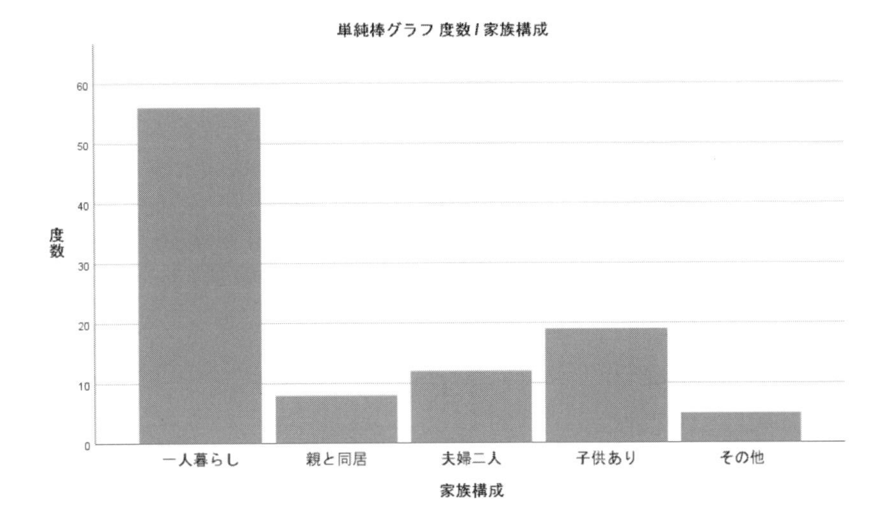

4章 相関分析で関係の強い項目を探してみよう

Section 4.1 アンケート調査で知りたいことは，なに？

次の6つの質問項目において，
相関の高い質問項目はどれとどれでしょうか？

相関には
正の相関と
負の相関が
あります

ペットの選択において，次の質問項目をどの程度重視しますか？

項目 2.1	ペットの種類	1	2	3	4	【種類】
項目 2.2	ペットの大きさ	1	2	3	4	【大きさ】
項目 2.3	ペットの外見	1	2	3	4	【外見】
項目 2.4	ペットの鳴き声	1	2	3	4	【鳴き声】
項目 2.5	ペットの性格	1	2	3	4	【性格】
項目 2.6	ペットの寿命	1	2	3	4	【寿命】
		重視しない	あまり重視しない	やや重視する	重視する	

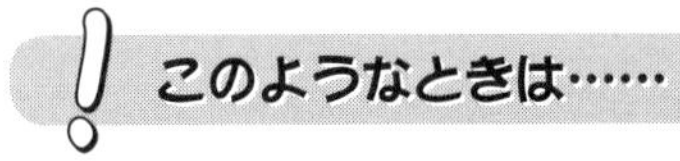

このようなときは，6つの質問項目間の相関係数を求めてみよう．

	種　類	大きさ	外　見	鳴き声	性　格	寿　命
種　類	1	相関係数	相関係数	相関係数	相関係数	相関係数
大きさ	相関係数	1	相関係数	相関係数	相関係数	相関係数
外　見	相関係数	相関係数	1	相関係数	相関係数	相関係数
鳴き声	相関係数	相関係数	相関係数	1	相関係数	相関係数
性　格	相関係数	相関係数	相関係数	相関係数	1	相関係数
寿　命	相関係数	相関係数	相関係数	相関係数	相関係数	1

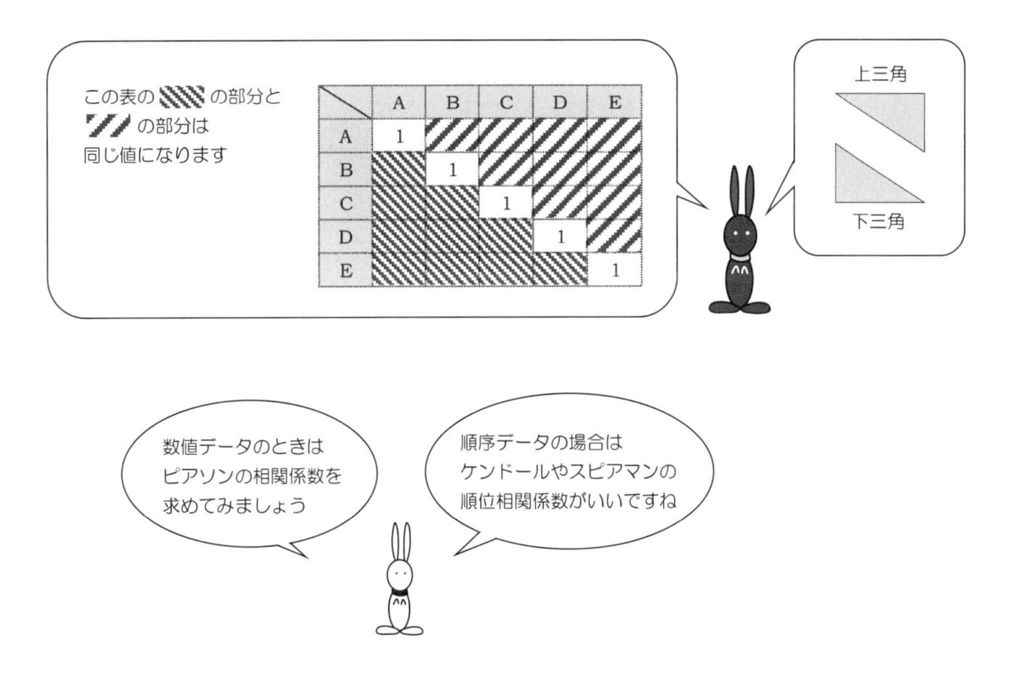

Section 4.2 相関分析をしてみよう

6つの質問項目

【種類】　【大きさ】　【外見】

【鳴き声】　【性格】　【寿命】

の間の相関係数を求めてみましょう．

相関分析とは
2つの項目間の関係を
調べる分析方法です

手順 1　次のように，データを用意します．

	ID	年齢	家族構成	アレルギー	ダンゴムシ	ストレス	ウツ	種類	大き
1	1	29	1	2	2	2	2	4	
2	2	29	4	2	1	1	2	1	
3	3	29	1	1	2	2	2	3	
4	4	37	3	2	1	1	1	1	
5	5	31	1	1	1	1	1	1	
6	6	33	3	2	2	1	1	2	
7	7	30	4	2	2	2	2	2	
8	8	35	1	2	2	2	1	3	
9	9	34	2	1	2	1	1	1	
10	10	35	1	1	2	1	2	3	
11	11	31	1	1	1	1	1	1	
12	12	30	1	2	2	2	1	3	
13	13	39	1	2	2	2	2	4	
14	14	28	1	1	2	1	1	1	
15	15	30	3	2	1	2	1	1	
16	16	36	1	2	1			2	
17	17	38		2	2			3	
18	18	33						1	
19	19	30			1			1	
20	20	34			2			3	
21	21	29	4	1	2	1	1	1	
22	22	23	4	2	1	2	2	4	
23	23	27	3	2	2	2	1	3	

6つの質問項目の回答は
順序データですが

ここでは
Pearson の相関係数を
求めます

手順 2　分析(A) をクリックして，メニューの中から 相関(C) を選択します．
続いて， 2変量(B) を選択します．

手順 3　6つの項目を 変数(V) のワクの中へ移動します．
あとは， OK ボタンをクリック！

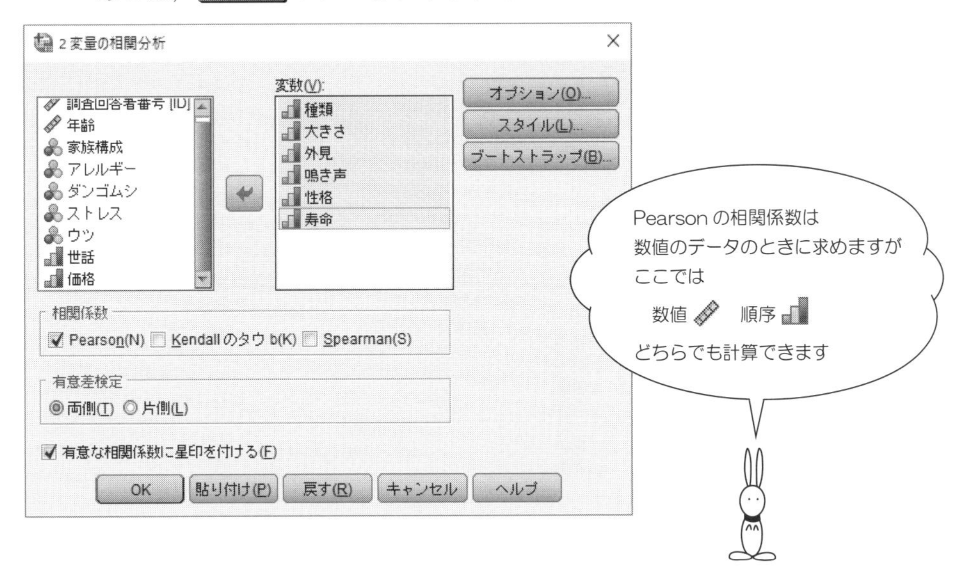

【SPSS による出力】── Pearson の相関係数 ──

相関

		種類	大きさ	外見	鳴き声	性格	寿命
種類	Pearson の相関係数	1	.872**	-.549**	.827**	-.380**	-.346**
	有意確率 (両側)		.000	.000	.000	.000	.000
	度数	100	100	100	100	100	100
大きさ	Pearson の相関係数	.872**	1	-.541**	.813**	-.356**	-.436**
	有意確率 (両側)	.000		.000	.000	.000	.000
	度数	100	100	100	100	100	100
外見	Pearson の相関係数	-.549**	-.541**	1	-.476**	.680**	.236*
	有意確率 (両側)	.000	.000		.000	.000	.018
	度数	100	100	100	100	100	100
鳴き声	Pearson の相関係数	.827**	.813**	-.476**	1	-.399**	-.379**
	有意確率 (両側)	.000	.000	.000		.000	.000
	度数	100	100	100	100	100	100
性格	Pearson の相関係数	-.380**	-.356**	.680**	-.399**	1	.157
	有意確率 (両側)	.000	.000	.000	.000		.119
	度数	100	100	100	100	100	100
寿命	Pearson の相関係数	-.346**	-.436**	.236*	-.379**	.157	1
	有意確率 (両側)	.000	.000	.018	.000	.119	
	度数	100	100	100	100	100	100

**. 相関係数は 1% 水準で有意 (両側) です。

*. 相関係数は 5% 水準で有意 (両側) です。

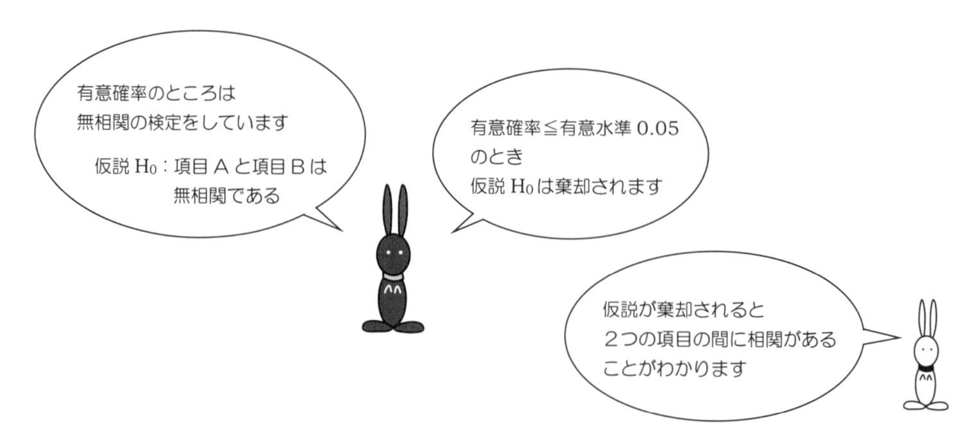

【出力結果の読み取り方】

相関係数の大きいところは

$$\left\{ \text{【種類】【大きさ】【鳴き声】} \right\}$$

の3つの質問項目のグループと

$$\left\{ \text{【外見】【性格】} \right\}$$

の2つの質問項目のグループです.

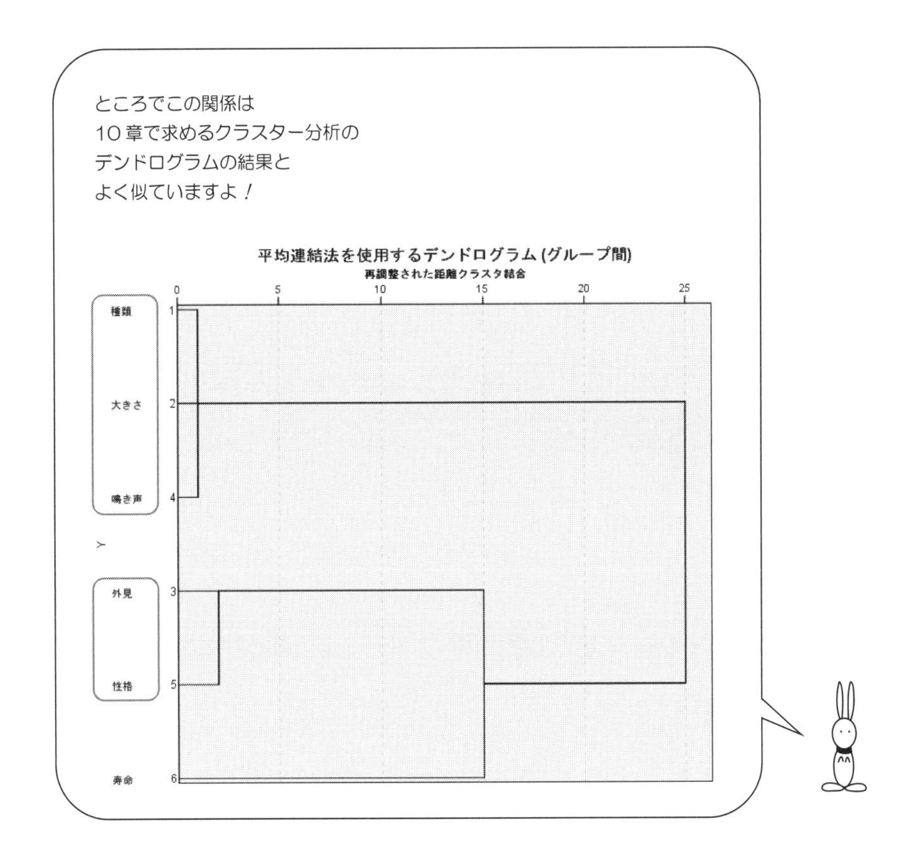

Section 4.3 順位相関係数を求めてみよう

6つの質問項目

【種類】【大きさ】【外見】
【鳴き声】【性格】【寿命】

の間の順位相関係数を求めてみましょう．

手順 1 p.100 と同じデータを用意します．

	ID	年齢	家族構成	アレルギー	ダンゴムシ	ストレス	ウツ	種類	大き
1	1	29	1	2	2	2	2	4	
2	2	29	4	2	1	1	2	1	
3	3	29	1	1	2	2	2	3	
4	4	37	3	2	1	1	1	1	
5	5	31	1	1	1	1	1	1	
6	6	33	3	2	2	1	1	2	
7	7	30	4	2	2	2	2	2	
8	8	35	1	2	2	2	1	3	
9	9	34	2	1	2	1	1	1	
10	10	35	1	1	2	1	2	3	
11	11	31	1	1	1	1	1	1	
12	12	30	1	2	2	2	1	3	
13	13	39	1	2	2	2	2	4	
14	14	28	1	1	2	1	1	1	
15	15	30	3	[illegible]	1	2	1	1	
16	16	36	[illegible]	[illegible]	1	2	2	2	
17	17	38	[illegible]	[illegible]	2	2	2	3	
18	18	33	[illegible]	[illegible]	2	1	1	1	
19	19	30	[illegible]	[illegible]	1	1	2	1	
20	20	34	[illegible]	[illegible]	2	2	2	3	
21	21	29	[illegible]	[illegible]	2	1	1	1	
22	22	23	[illegible]	[illegible]	1	2	2	4	
23	23	27	3	2	2	2	1	3	

6つの質問項目の回答は
順序データなので
Kendall の順位相関係数や
Spearman の順位相関係数を
求めることができます

手順 2　分析(A) をクリックして，メニューの中から 相関(C) を選択します．
続いて， 2 変量(B) を選択します．

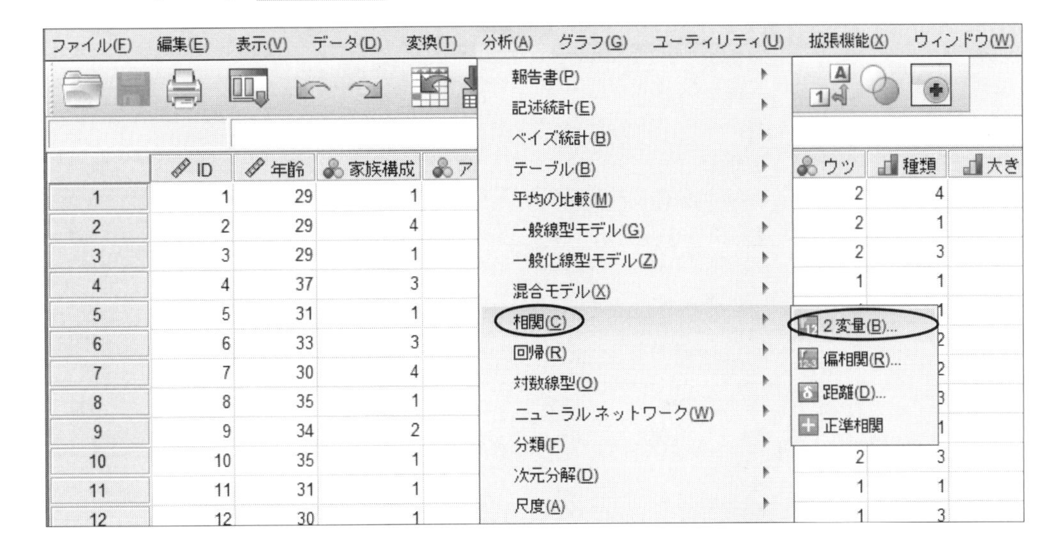

手順 3　6 つの項目を変数のワクに移動したら，
□Kendall のタウ b(K)　や　□Spearman(S)
をチェック．あとは， OK ボタンをクリック！

2 変量の相関分析
変数(V):
調査回答者番号 [ID]
年齢
家族構成
アレルギー
ダンゴムシ
ストレス
ウツ
世話
価格
種類
大きさ
外見
鳴き声
性格
寿命
オプション(O)...
スタイル(L)...
ブートストラップ(B)...
相関係数
Pearson(N)　Kendall のタウ b(K)　Spearman(S)
有意差検定
両側(T)　片側(L)
有意な相関係数に星印を付ける(F)
OK　貼り付け(P)　戻す(R)　キャンセル　ヘルプ

【SPSS による出力・その 1】―― Kendall の相関係数 ――

相関

			種類	大きさ	外見	鳴き声	性格	寿命
Kendallのタウb	種類	相関係数	1.000	.817**	-.463**	.770**	-.313**	-.318**
		有意確率 (両側)	.	.000	.000	.000	.000	.000
		度数	100	100	100	100	100	100
	大きさ	相関係数	.817**	1.000	-.449**	.762**	-.284**	-.348**
		有意確率 (両側)	.000	.	.000	.000	.001	.000
		度数	100	100	100	100	100	100
	外見	相関係数	-.463**	-.449**	1.000	-.383**	.653**	.246**
		有意確率 (両側)	.000	.000	.	.000	.000	.004
		度数	100	100	100	100	100	100
	鳴き声	相関係数	.770**	.762**	-.383**	1.000	-.323**	-.345**
		有意確率 (両側)	.000	.000	.000	.	.000	.000
		度数	100	100	100	100	100	100
	性格	相関係数	-.313**	-.284**	.653**	-.323**	1.000	.175*
		有意確率 (両側)	.000	.001	.000	.000	.	.046
		度数	100	100	100	100	100	100
	寿命	相関係数	-.318**	-.348**	.246**	-.345**	.175*	1.000
		有意確率 (両側)	.000	.000	.004	.000	.046	.
		度数	100	100	100	100	100	100

**. 相関係数は 1% 水準で有意 (両側) です。

*. 相関係数は 5% 水準で有意 (両側) です。

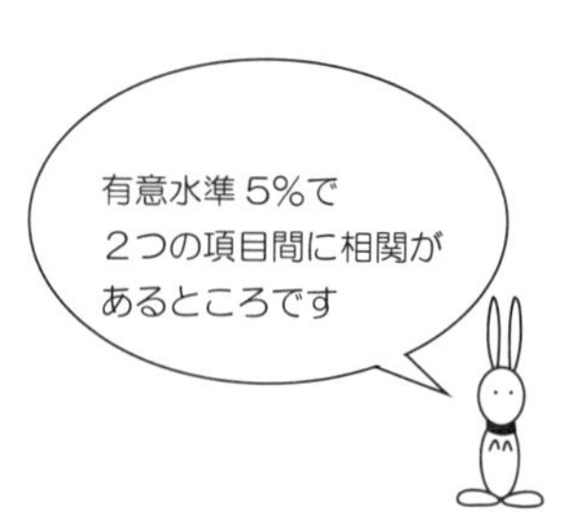

検定のときは
効果サイズも忘れずに！

【SPSS による出力・その 2】—— Spearman の相関係数 ——

相関

			種類	大きさ	外見	鳴き声	性格	寿命
Spearmanのロー	種類	相関係数	1.000	.874**	-.524**	.830**	-.368**	-.379**
		有意確率 (両側)	.	.000	.000	.000	.000	.000
		度数	100	100	100	100	100	100
	大きさ	相関係数	.874**	1.000	-.497**	.821**	-.328**	-.412**
		有意確率 (両側)	.000	.	.000	.000	.001	.000
		度数	100	100	100	100	100	100
	外見	相関係数	-.524**	-.497**	1.000	-.439**	.715**	.284**
		有意確率 (両側)	.000	.000	.	.000	.000	.004
		度数	100	100	100	100	100	100
	鳴き声	相関係数	.830**	.821**	-.439**	1.000	-.371**	-.396**
		有意確率 (両側)	.000	.000	.000	.	.000	.000
		度数	100	100	100	100	100	100
	性格	相関係数	-.368**	-.328**	.715**	-.371**	1.000	.201*
		有意確率 (両側)	.000	.001	.000	.000	.	.045
		度数	100	100	100	100	100	100
	寿命	相関係数	-.379**	-.412**	.284**	-.396**	.201*	1.000
		有意確率 (両側)	.000	.000	.004	.000	.045	.
		度数	100	100	100	100	100	100

**. 相関係数は 1% 水準で有意 (両側) です。

*. 相関係数は 5% 水準で有意 (両側) です。

Pearson の相関係数と
同じように読み取れます

アンケート調査の回答のように
順序データのときは
Pearson の相関係数よりも
Kendall や Spearman のような
順位相関係数のほうがいいですね

演　習

4

【4.1】　ダンゴムシを飼育したことのあるグループに対して，6つの質問項目による相関分析をしてください．　⬅ Pearson, Kendall, Spearman

【4.2】　ダンゴムシを飼育したことがないグループに対して，6つの質問項目による相関分析をしてください．　⬅ Pearson, Kendall, Spearman

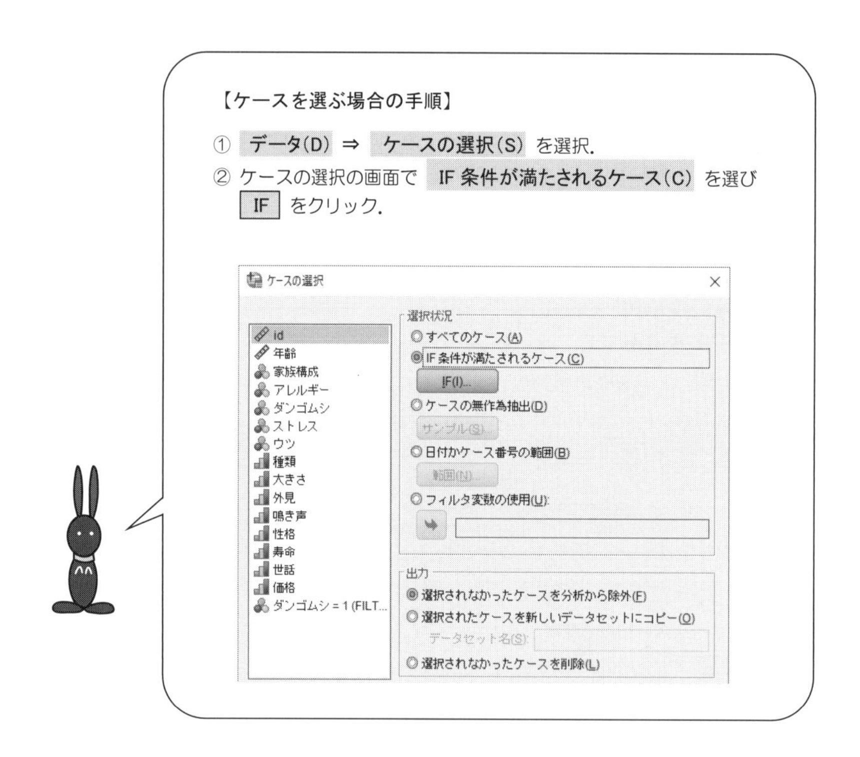

解答

【4.1】

相関

		種類	大きさ	外見	鳴き声	性格	寿命
種類	Pearson の相関係数	1	.834**	-.479**	.662**	-.308*	-.099
	有意確率 (両側)		.000	.001	.000	.038	.511
	度数	46	46	46	46	46	46
大きさ	Pearson の相関係数	.834**	1	-.365*	.668**	-.228	-.194
	有意確率 (両側)	.000		.013	.000	.128	.196
	度数	46	46	46	46	46	46
外見	Pearson の相関係数	-.479**	-.365*	1	-.321*	.540**	-.017
	有意確率 (両側)	.001	.013		.030	.000	.910
	度数	46	46	46	46	46	46
鳴き声	Pearson の相関係数	.662**	.668**	-.321*	1	-.292*	-.164
	有意確率 (両側)	.000	.000	.030		.049	.275
	度数	46	46	46	46	46	46

（以下略）

【4.2】

相関

		種類	大きさ	外見	鳴き声	性格	寿命
種類	Pearson の相関係数	1	.889**	-.589**	.913**	-.423**	-.477**
	有意確率 (両側)		.000	.000	.000	.001	.000
	度数	54	54	54	54	54	54
大きさ	Pearson の相関係数	.889**	1	-.652**	.864**	-.435**	-.530**
	有意確率 (両側)	.000		.000	.000	.001	.000
	度数	54	54	54	54	54	54
外見	Pearson の相関係数	-.589**	-.652**	1	-.569**	.808**	.432**
	有意確率 (両側)	.000	.000		.000	.000	.001
	度数	54	54	54	54	54	54
鳴き声	Pearson の相関係数	.913**	.864**	-.569**	1	-.467**	-.459**
	有意確率 (両側)	.000	.000	.000		.000	.000
	度数	54	54	54	54	54	54

（以下略）

5章 クロス集計表から独立性の検定をしてみよう

Section 5.1 アンケート調査で知りたいことは，なに？

アンケート調査の2つの質問項目

【ストレス】 と ペットの【外見】

の間には，何か関連があるのでしょうか？

項目 1.5 あなたは，ストレスを感じたことがありますか？ 【ストレス】

1\. ある　　2. ない

項目 2.3 あなたは，ペットの外見をどの程度重視しますか？ 【外見】

1\. 重視しない　　2. あまり重視しない　　3. やや重視する　　4. 重視する

このようなときは……

このようなときは……

手順 1 はじめに，【ストレス】と【外見】の
クロス集計表を作って……

表 5.1.1 ストレスと外見のクロス集計表

ストレス＼外見	重視しない	あまり重視しない	やや重視する	重視する
ある				
ない				

←項目 2.3

↑
項目 1.5

手順 2 次に，独立性の検定をしてみよう．
この検定の仮説は

仮説 H_0：【ストレス】と【外見】は独立である

となります．
仮説 H_0 が棄却されると
“【ストレス】と【外見】の間に関連がある”
と結論づけることができます．

手順 3 さらに進んで

- 残差分析
- 比率の多重比較

をすることができます．

Section 5.2 クロス集計表を作り，独立性の検定をしてみよう

手順 1　分析(A) をクリックして，メニューの中から，
記述統計(E) を選択．さらに，クロス集計表(C) を選びます．

ファイル(F)　編集(E)　表示(V)　データ(D)　変換(T)　分析(A)　グラフ(G)　ユーティリティ(U)　拡張機能(X)　ウィンドウ(W)　ヘルプ(H)

分析(A) メニュー:
- 報告書(P)
- 記述統計(E)
- ベイズ統計(B)
- テーブル(B)
- 平均の比較(M)
- 一般線型モデル(G)
- 一般化線型モデル(Z)
- 混合モデル(X)
- 相関(C)
- 回帰(R)
- 対数線型(O)
- ニューラル ネットワーク(W)
- 分類(F)
- 次元分解(D)
- 尺度(A)
- ノンパラメトリック検定(N)
- 時系列(T)
- 生存分析(S)
- 多重回答(U)
- 欠損値分析(Y)...
- 多重代入(T)
- コンプレックス サンプル(L)
- シミュレーション(I)...
- 品質管理(Q)
- 空間および時間モデリング(S)...
- ダイレクト マーケティング(K)

記述統計(E) サブメニュー:
- 度数分布表(F)...
- 記述統計(D)...
- 探索的(E)...
- クロス集計表(C)...
- TURF 分析
- 比率(R)...
- 正規 P-P プロット(P)...
- 正規 Q-Q プロット(Q)...

	ID	年齢	家族構成	ア	…	さ	外見	鳴き声
1	1	29	1			4	1	
2	2	29	4			1	3	
3	3	29	1			4	3	
4	4	37	3			1	4	
5	5	31	1			1	4	
6	6	33	3			1	4	
7	7	30	4			3	4	
8	8	35	1			2	4	
9	9	34	2			1	4	
10	10	35	1			3	3	
11	11	31	1			1	4	
12	12	30	1			3	2	
13	13	39	1			4	1	
14	14	28	1			1	3	
15	15	30	3			1	3	
16	16	36	1			2	3	
17	17	38	4			3	2	
18	18	33	1			1	3	
19	19	30	4			1	3	
20	20	34	1			3	2	
21	21	29	4			1	2	
22	22	23	4			4	4	
23	23	27	3			3	3	
24	24	39	1			4	2	

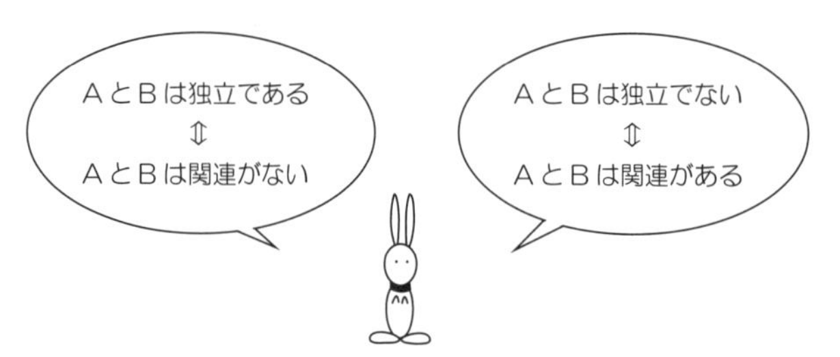

手順 2 次の画面で，ストレスを 行(O) のワクの中へ

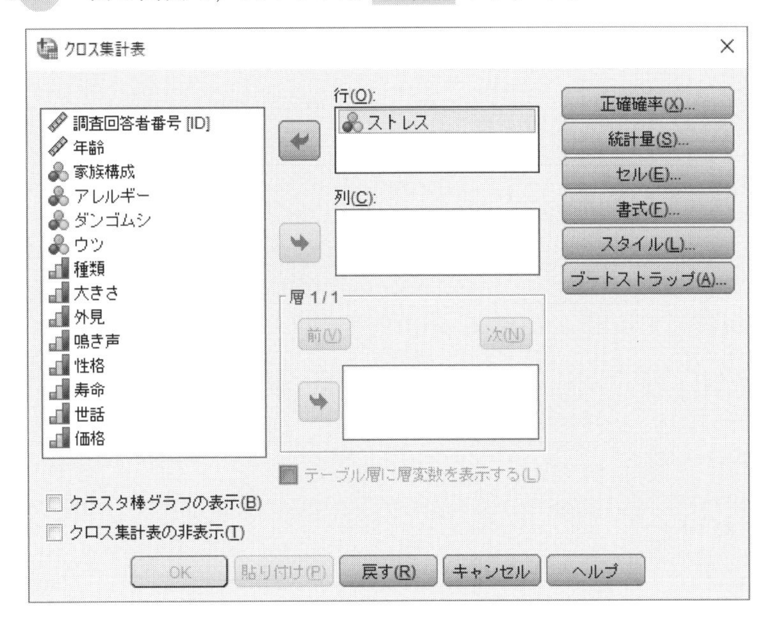

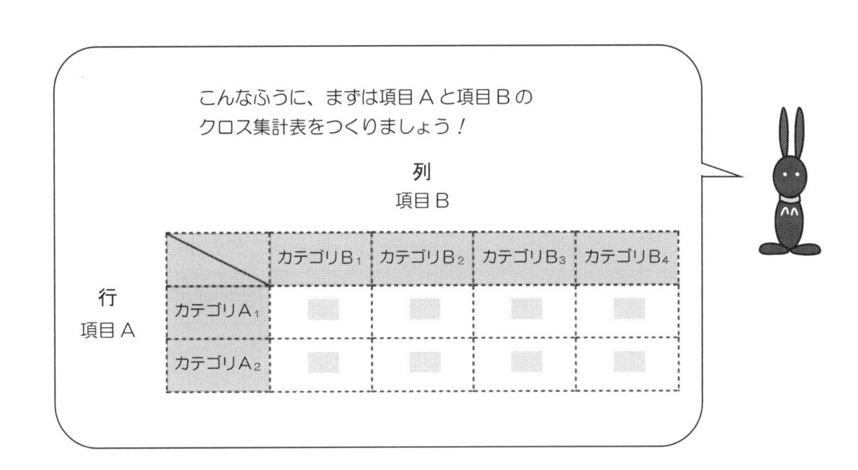

手順 **3**　外見を 列(C) のワクの中へ移動します.

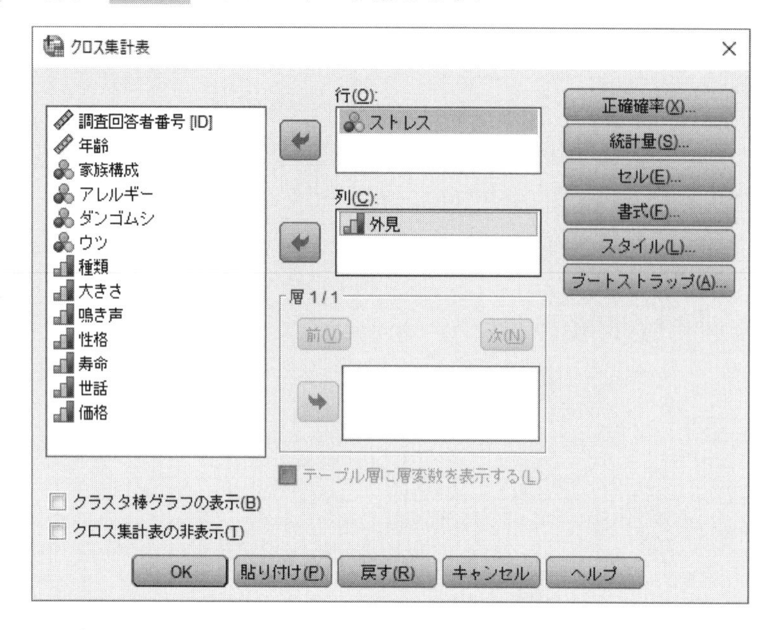

手順 **4**　統計量(S) をクリックして，□カイ２乗(H) をチェック.

そして，続行(C).

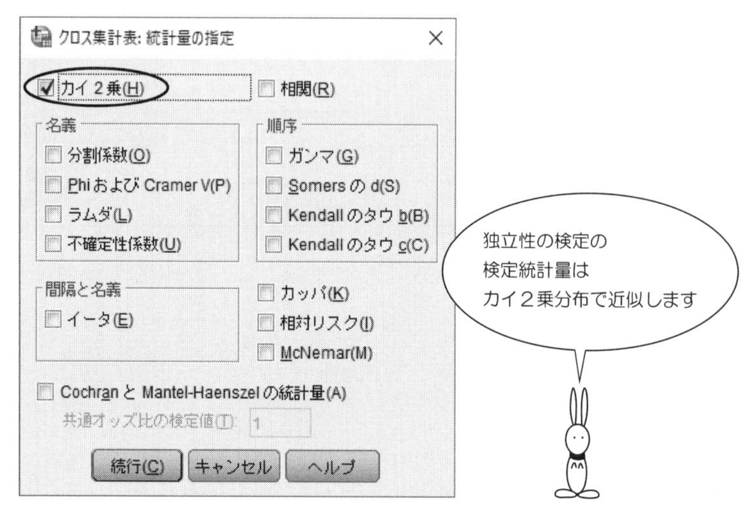

手順 **5** 次の画面にもどったら，あとは， OK ボタンをクリック！

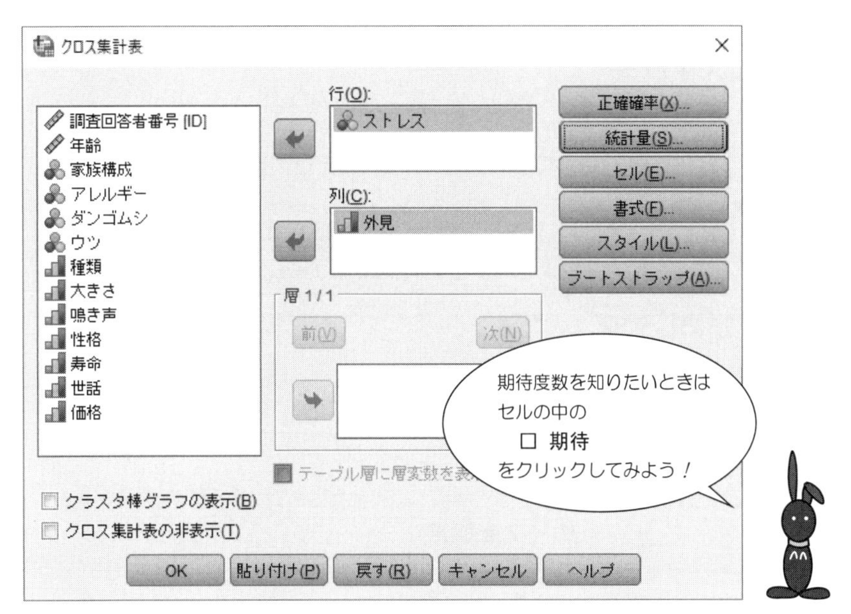

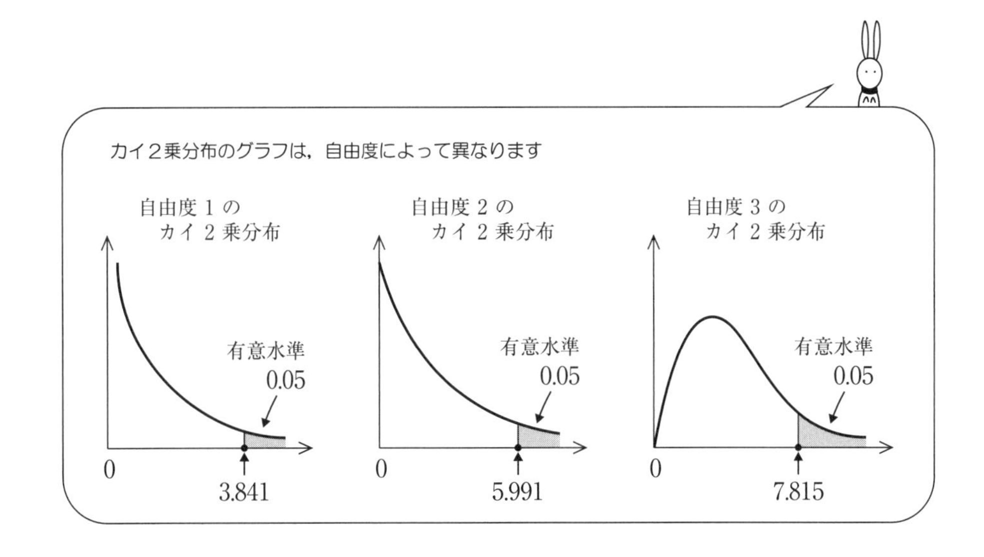

【SPSS による出力】

クロス集計表

ストレス と 外見 のクロス表

度数

		外見				
		重視しない	あまり重視しない	やや重視する	重視する	合計
ストレス	ある	2	6	18	17	43
	ない	13	12	24	8	57
合計		15	18	42	25	100

カイ 2 乗検定

	値	自由度	漸近有意確率 (両側)
Pearson のカイ 2 乗	12.448[a]	3	.006
尤度比	13.260	3	.004
線型と線型による連関	11.793	1	.001
有効なケースの数	100		

a. 0 セル (0.0%) は期待度数が 5 未満です。最小期待度数は 6.45 です。

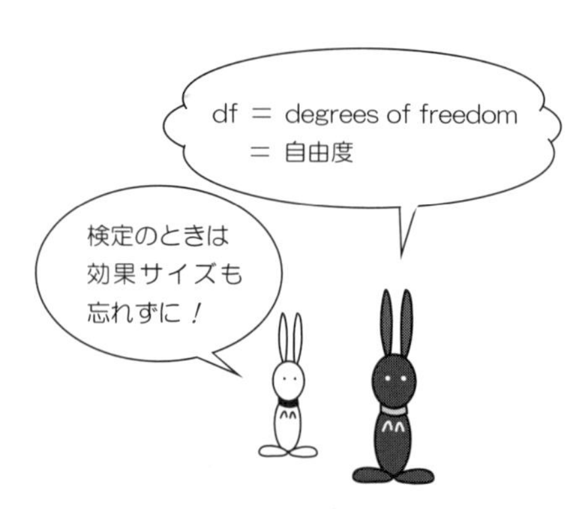

【出力結果の読み取り方】

カイ2乗検定のところを見ると，

検定統計量は 12.448，有意確率は 0.006

になっています．

検定統計量，有意確率，棄却域，有意水準の関係は，次のようになります．

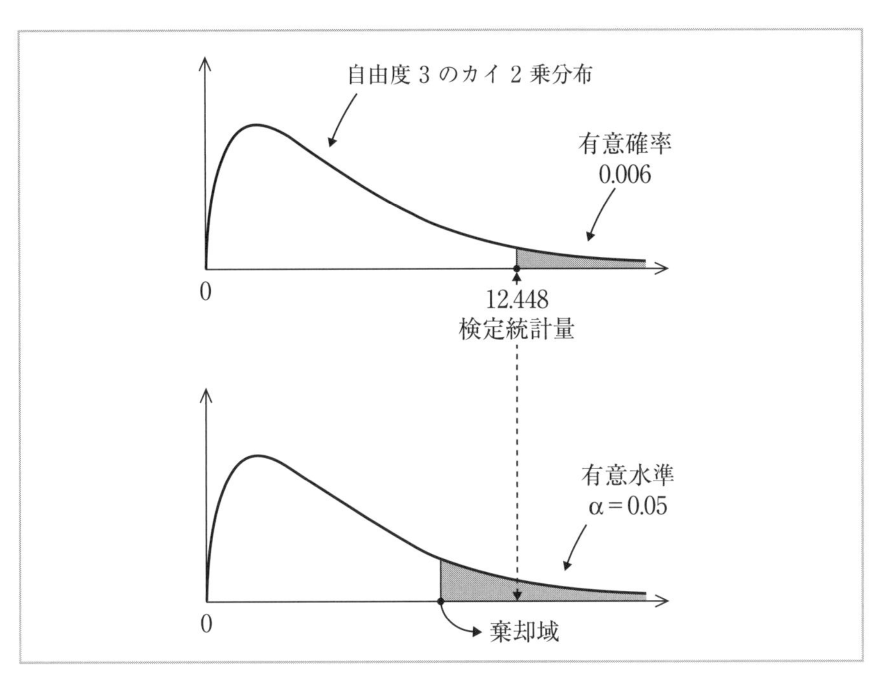

図 5.2.1　検定総計量と棄却域

したがって，

漸近有意確率 0.006 ≦有意水準 0.05

なので，仮説 H_0 は棄てられます．

つまり，

“【ストレス】とペットの【外見】の間には関連がある”

ということがわかりました．

Section 5.3 残差分析をしてみよう

残差分析とは，2つの項目 A, B のそれぞれのカテゴリ A_j, B_j に注目して，関連のあるカテゴリの組合せ（A_j, B_j）を見つけることです．

表 5.3.1　観測度数と期待度数

A ＼ B		B_1	B_2	B_3	B_4	合計
A_1	観測度数	f_{11}	f_{12}	f_{13}	f_{14}	$f_{1\blacksquare}$
	期待度数	$\frac{f_{1\blacksquare}}{N}\times\frac{f_{\blacksquare 1}}{N}\times N$	$\frac{f_{1\blacksquare}}{N}\times\frac{f_{\blacksquare 2}}{N}\times N$	$\frac{f_{1\blacksquare}}{N}\times\frac{f_{\blacksquare 3}}{N}\times N$	$\frac{f_{1\blacksquare}}{N}\times\frac{f_{\blacksquare 4}}{N}\times N$	
A_2	観測度数	f_{21}	f_{22}	f_{23}	f_{24}	$f_{2\blacksquare}$
	期待度数	$\frac{f_{2\blacksquare}}{N}\times\frac{f_{\blacksquare 1}}{N}\times N$	$\frac{f_{2\blacksquare}}{N}\times\frac{f_{\blacksquare 2}}{N}\times N$	$\frac{f_{2\blacksquare}}{N}\times\frac{f_{\blacksquare 3}}{N}\times N$	$\frac{f_{2\blacksquare}}{N}\times\frac{f_{\blacksquare 4}}{N}\times N$	
合 計		$f_{\blacksquare 1}$	$f_{\blacksquare 2}$	$f_{\blacksquare 3}$	$f_{\blacksquare 4}$	N

期待度数は A_i と B_j が独立と
仮定したときの変数です
$P(A_i \cap B_j) = P(A_i) \times P(B_j)$

したがって，
観測度数と期待度数の差が大きいと
A_i と B_j は独立ではないと考えられます

手順 1　p.114 の手順 3 の画面で，

セル(E) をクリックします．

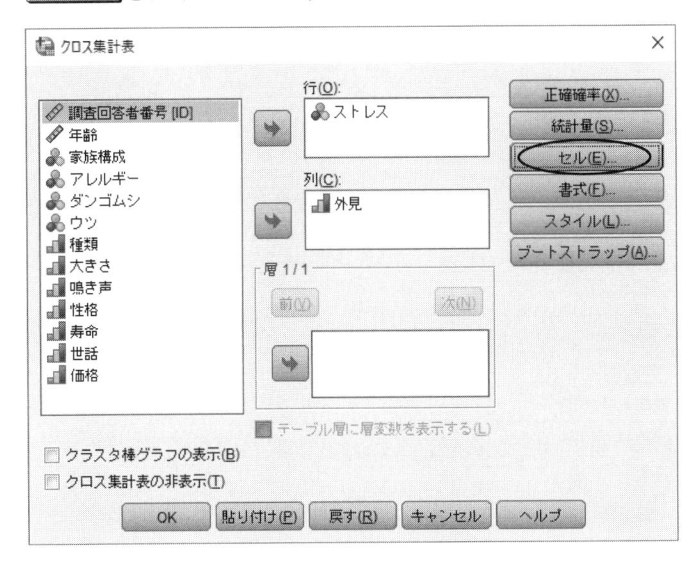

手順 2　次の画面になったら，

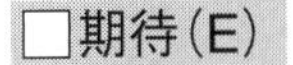

□期待(E)

□標準化されていない(U)

□標準化(S)

□調整済みの標準化(A)

をチェックして，

続行(C) をクリック．

そして， OK ．

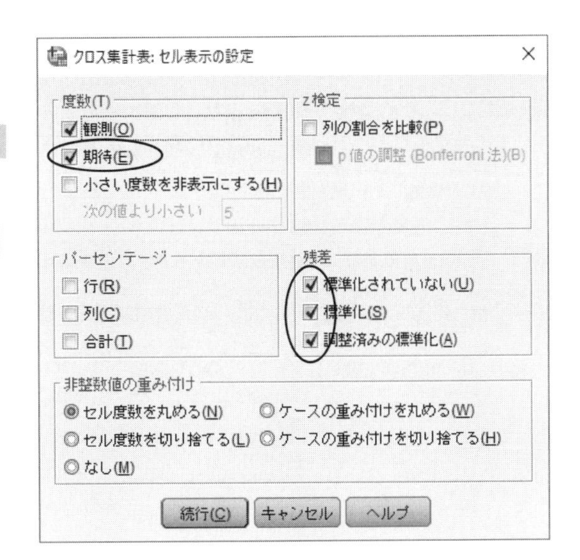

【SPSS による出力】

ストレス と 外見 のクロス表

			外見				
			重視しない	あまり重視しない	やや重視する	重視する	合計
ストレス	ある	度数	2	6	18	17	43
		期待度数	6.5	7.7	18.1	10.8	43.0
		残差	-4.4	-1.7	-.1	6.3	
		標準化残差	-1.8	-.6	.0	1.9	
		調整済み残差	-2.5	-.9	.0	2.9	
	ない	度数	13	12	24	8	57
		期待度数	8.5	10.3	23.9	14.2	57.0
		残差	4.5	1.7	.1	-6.2	
		標準化残差	1.5	.5	.0	-1.7	
		調整済み残差	2.5	.9	.0	-2.9	
合計		度数	15	18	42	25	100
		期待度数	15.0	18.0	42.0	25.0	100.0

カイ 2 乗検定

	値	自由度	漸近有意確率 (両側)
Pearson のカイ 2 乗	12.448[a]	3	.006
尤度比	13.260	3	.004
線型と線型による連関	11.793	1	.001
有効なケースの数	100		

a. 0 セル (0.0%) は期待度数が 5 未満です。最小期待度数は 6.45 です。

調整済み残差の絶対値が 1.96 よりも大きい組合せのカテゴリ A_i と B_j に関連があります．

表 5.3.2　調整済み残差

	B_1	B_2	B_3	B_4
A_1	−2.5 関連あり	−0.9 関連なし	0.0 関連なし	2.9 関連あり
A_2	2.5 関連あり	0.9 関連なし	0.0 関連なし	−2.9 関連あり

したがって，関連のあるカテゴリの組合せは，

- 【ストレス】ある　と　【外見】を重視しない
- 【ストレス】ある　と　【外見】を重視する
- 【ストレス】ない　と　【外見】を重視しない
- 【ストレス】ない　と　【外見】を重視する

となります．

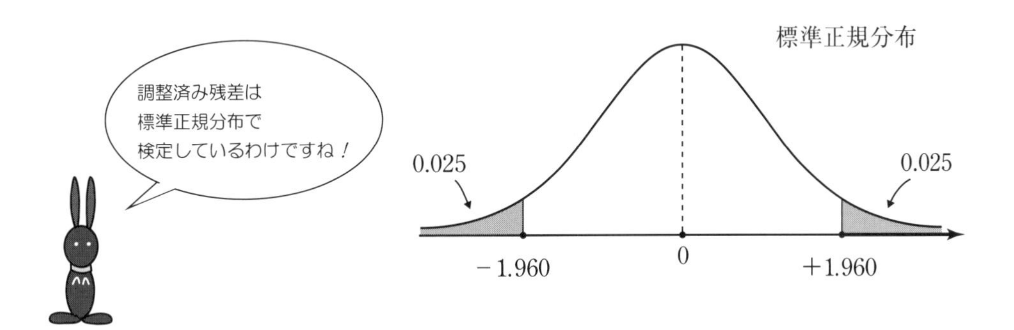

Section 5.4 比率の多重比較をしてみよう

比率の多重比較とは，2つの項目 A, B において，

“列のカテゴリ B_1, B_2, B_3, B_4 に関する比率の差の検定”

のことです．

表 5.4.1　項目 B のカテゴリの母比率

A＼B	B_1	B_2	B_3	B_4
A_1	母比率 p_{11}	母比率 p_{12}	母比率 p_{13}	母比率 p_{14}
A_2	母比率 p_{21}	母比率 p_{22}	母比率 p_{23}	母比率 p_{24}
	↑ $p_{11}+p_{21}=1$	↑ $p_{12}+p_{22}=1$	↑ $p_{13}+p_{23}=1$	↑ $p_{14}+p_{24}=1$

Aが 行
Bが 列

● カテゴリ A_1 の場合，多重比較の仮説は次のようになります．

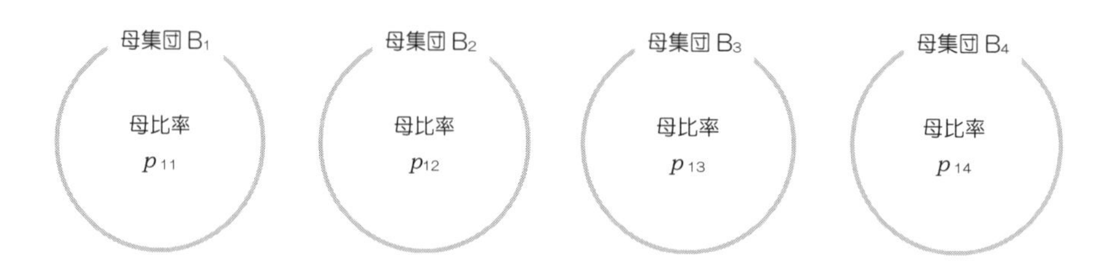

仮説　$H_0: p_{11}=p_{12}$　　仮説　$H_0: p_{11}=p_{13}$　　仮説　$H_0: p_{11}=p_{14}$

仮説　$H_0: p_{12}=p_{13}$　　仮説　$H_0: p_{12}=p_{14}$

仮説　$H_0: p_{13}=p_{14}$

観測度数と標本比率は，次のようになります．

表 5.4.2　観測度数と標本比率

	B_1	B_2	B_3	B_4
A_1	観測度数 f_{11}	観測度数 f_{12}	観測度数 f_{13}	観測度数 f_{14}
	標本比率 $\dfrac{f_{11}}{f_{11}+f_{21}}$	標本比率 $\dfrac{f_{12}}{f_{12}+f_{22}}$	標本比率 $\dfrac{f_{13}}{f_{13}+f_{23}}$	標本比率 $\dfrac{f_{14}}{f_{14}+f_{24}}$
A_2	観測度数 f_{21}	観測度数 f_{22}	観測度数 f_{23}	観測度数 f_{24}
	標本比率 $\dfrac{f_{21}}{f_{11}+f_{21}}$	標本比率 $\dfrac{f_{22}}{f_{12}+f_{22}}$	標本比率 $\dfrac{f_{23}}{f_{13}+f_{23}}$	標本比率 $\dfrac{f_{24}}{f_{14}+f_{24}}$

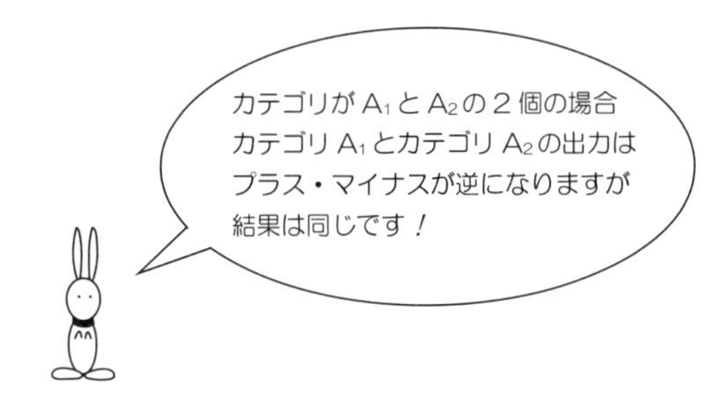

手順 1　p.114 の手順 3 の画面で，

セル(E) をクリックします．

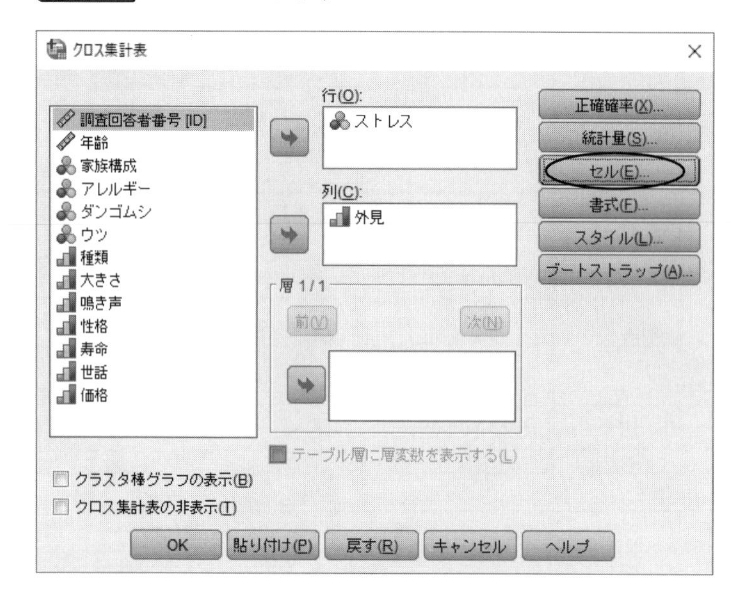

手順 2　次の画面になったら，

□期待(E)

をチェック．

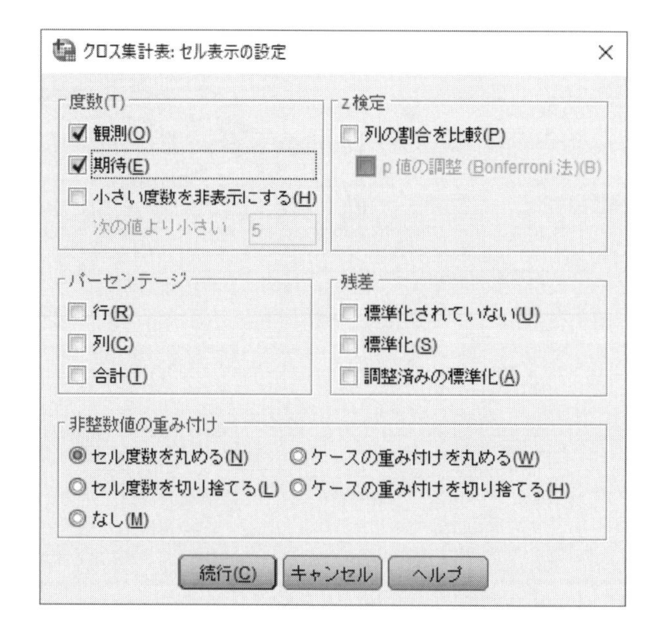

手順 **3** 続いて，

□列の割合を比較(P)

□P 値の調整(Bonferroni 法)(B)

をチェックして，続行(C)，そして，OK．

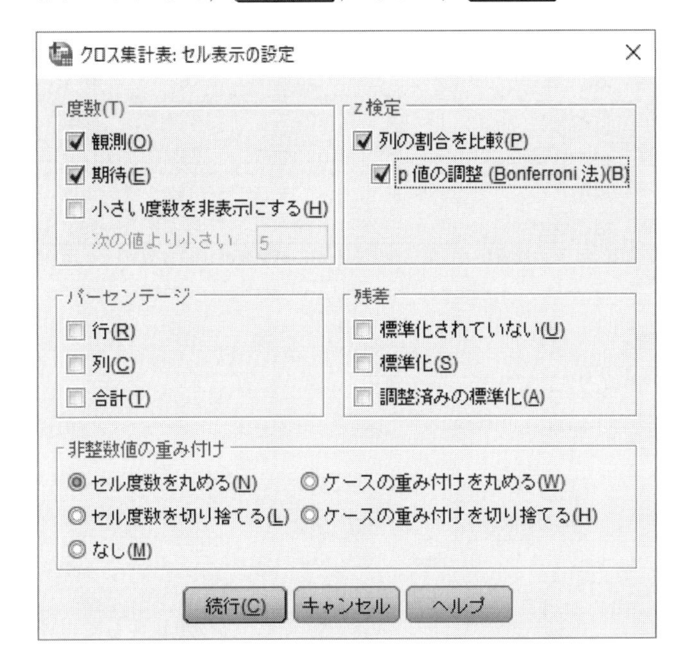

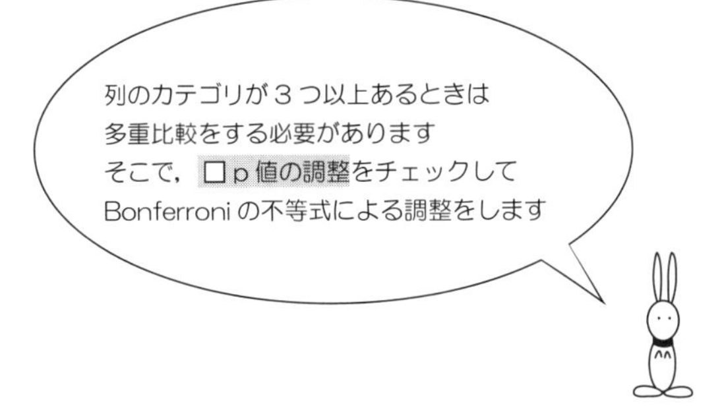

【SPSS による出力】

ストレス と 外見 のクロス表

			外見				
			重視しない	あまり重視しない	やや重視する	重視する	合計
ストレス	ある	度数	2a	6a, b	18a, b	17b	43
		期待度数	6.5	7.7	18.1	10.8	43.0
	ない	度数	13a	12a, b	24a, b	8b	57
		期待度数	8.5	10.3	23.9	14.2	57.0
合計		度数	15	18	42	25	100
		期待度数	15.0	18.0	42.0	25.0	100.0

各サブスクリプト文字は、列の比率が .05 レベルでお互いに有意差がない 外見 のカテゴリのサブセットを示します。

ストレス ある のカテゴリについて

- 比率の有意差がない組合せ

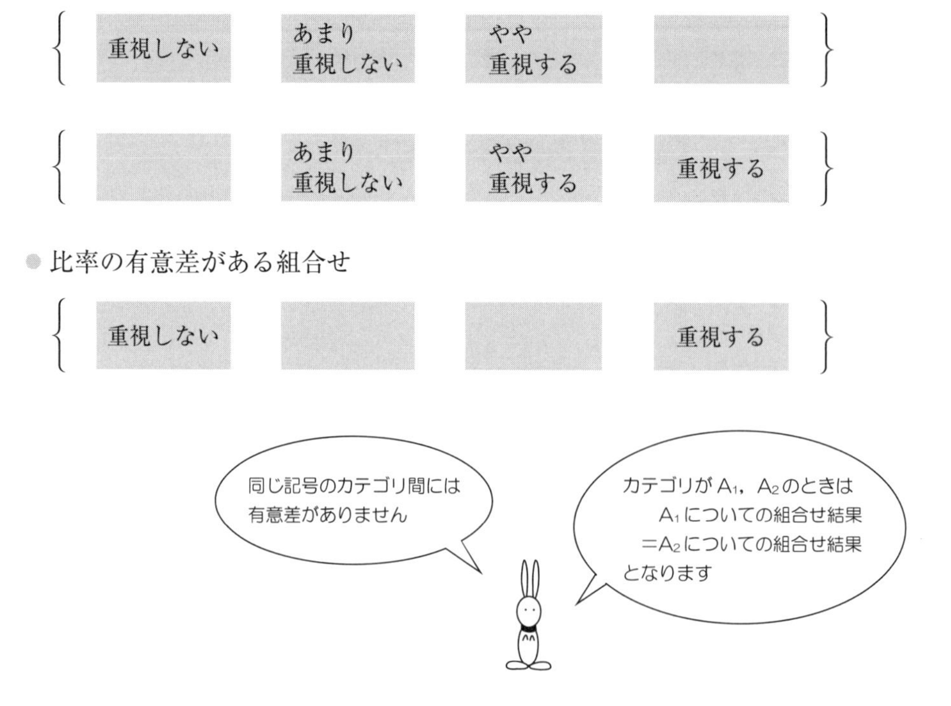

ちょっと一言！

項目Aのカテゴリが A_1，A_2，A_3 の3個になると，
次のような出力になります．

AとBのクロス表

			B1	B2	B3	B4	合計
A	A1	度数	20_a	$20_{a,b}$	$20_{a,b}$	20_b	80
		期待度数	12.8	16.0	19.2	32.0	80.0
	A2	度数	10_a	20_a	30_a	40_a	100
		期待度数	16.0	20.0	24.0	40.0	100.0
	A3	度数	$10_{a,b}$	$10_{a,b}$	10_b	40_a	70
		期待度数	11.2	14.0	16.8	28.0	70.0

● カテゴリ A_1 について

比率の有意差がない組合せ　$\{B_1 \ \ B_2 \ \ B_3\}$
　　　　　　　　　　　　　$\{B_2 \ \ B_3 \ \ B_4\}$

比率の有意差が**ある**組合せ　$\{B_1 \ \ B_4\}$

● カテゴリ A_2 について

比率の有意差がない組合せ　$\{B_1 \ \ B_2 \ \ B_3 \ \ B_4\}$

● カテゴリ A_3 について

比率の有意差がない組合せ　$\{B_1 \ \ B_2 \ \ B_4\}$
　　　　　　　　　　　　　$\{B_1 \ \ B_2 \ \ B_3\}$

比率の有意差が**ある**組合せ　$\{B_3 \ \ B_4\}$

演　習
5

【5.1】　【アレルギー】とペットの【種類】について，　クロス集計表の作成と独立性の検定をしてください．

【5.2】　【家族構成】とペットの【価格】について，クロス集計表の作成と独立性の検定をしてください．

解答

【5.1】

アレルギー と 種類 のクロス表

		種類 重視しない	あまり重視しない	やや重視する	重視する	合計
アレルギー	ある	25	9	9	5	48
	ない	13	13	13	13	52
合計		38	22	22	18	100

カイ 2 乗検定

	値	自由度	漸近有意確率 (両側)
Pearson のカイ 2 乗	8.653[a]	3	.034
尤度比	8.841	3	.031
線型と線型による連関	7.541	1	.006
有効なケースの数	100		

a. 0 セル (0.0%) は期待度数が 5 未満です。最小期待度数は 8.64 です。

【5.2】

家族構成 と 価格 のクロス表

		価格 重視しない	あまり重視しない	やや重視する	重視する	合計
家族構成	一人暮らし	14	10	22	10	56
	親と同居	1	1	2	4	8
	夫婦二人	0	1	4	7	12
	子供あり	5	4	3	7	19
	その他	0	0	0	5	5
合計		20	16	31	33	100

カイ 2 乗検定

	値	自由度	漸近有意確率 (両側)
Pearson のカイ 2 乗	24.564[a]	12	.017
尤度比	28.386	12	.005
線型と線型による連関	5.844	1	.016
有効なケースの数	100		

a. 14 セル (70.0%) は期待度数が 5 未満です。最小期待度数は .80 です。

6章 ノンパラメトリック検定でグループ間の差を調べよう

Section 6.1 アンケート調査で知りたいことは，なに？

知りたいことは……

アンケート調査の質問項目 1.6 で【ウツ】を

- 経験したグループ　　と
- 経験していないグループ　とでは

質問項目 2.5 の

“ペットの【性格】”

に関して違いがあるのでしょうか？

【ウツ】を
２つのグループに
分けて……差の検定！

項目 1.6　あなたは，ウツを経験したことがありますか？　【ウツ】

1. ある　2. ない

項目 2.5　あなたはペットの【性格】を，どの程度重視しますか？　【性格】

1. 重視しない　2. あまり重視しない　3. やや重視する　4. 重視する

このようなときは……

このようなときは，ノンパラメトリック検定をしてみよう．

ノンパラメトリック検定には

- マン・ホイットニーの検定 …………… グループ間に対応 なし
- クラスカル・ウォリスの検定 ………… グループ間に対応 なし
- ウィルコクスンの符号付順位検定 …… グループ間に対応 あり

などがあります．

ここでは，【ウツ】が

グループ1

ウツを経験
したことが
あるグループ

グループ2

ウツを経験
したことが
ないグループ

のように，対応のない2つのグループに分かれているので

“マン・ホイットニーの検定”

をしてみよう．この検定の仮説は

仮説 H_0：2つのグループは同じである

となります．

この仮説 H_0 が棄却されると
2つのグループは
異なると結論づけます

3つ以上のグループ間の差の検定をしたいときは，

“クラスカル・ウォリスの検定”

をおこないます．

Section 6.2 ノンパラメトリック検定をしよう

グループが２つに分かれているので，

"マン・ホイットニーの検定"

をしてみよう．

手順 1　データを入力したら，分析(A) ⇨ ノンパラメトリック検定(N) ⇨ 独立サンプル(I) を選択します．

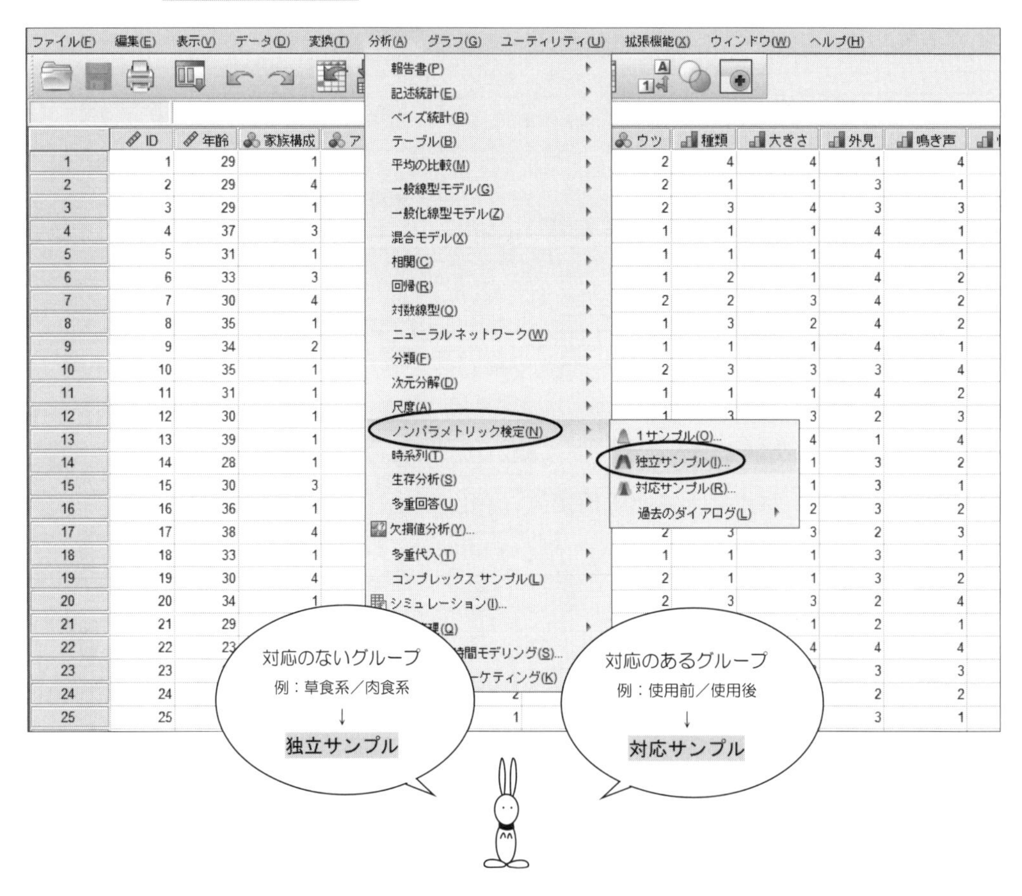

手順 2　次の画面になったら

○分析のカスタマイズ(C)

を選択します．

そして，フィールドのタブをクリックします．

手順 3 次の画面になったら

ウツ　を　グループ(G)

性格，世話　を　検定フィールド(T)

に移動します．

そして，設定 のタブをクリックします．

手順 4　次の画面になったら

○検定のカスタマイズ(C)

をクリックしたあと

□ Mann-Whitney の U(2 サンプル)(H)

をチェックします.

最後に, ▶実行 ボタンをクリックします.

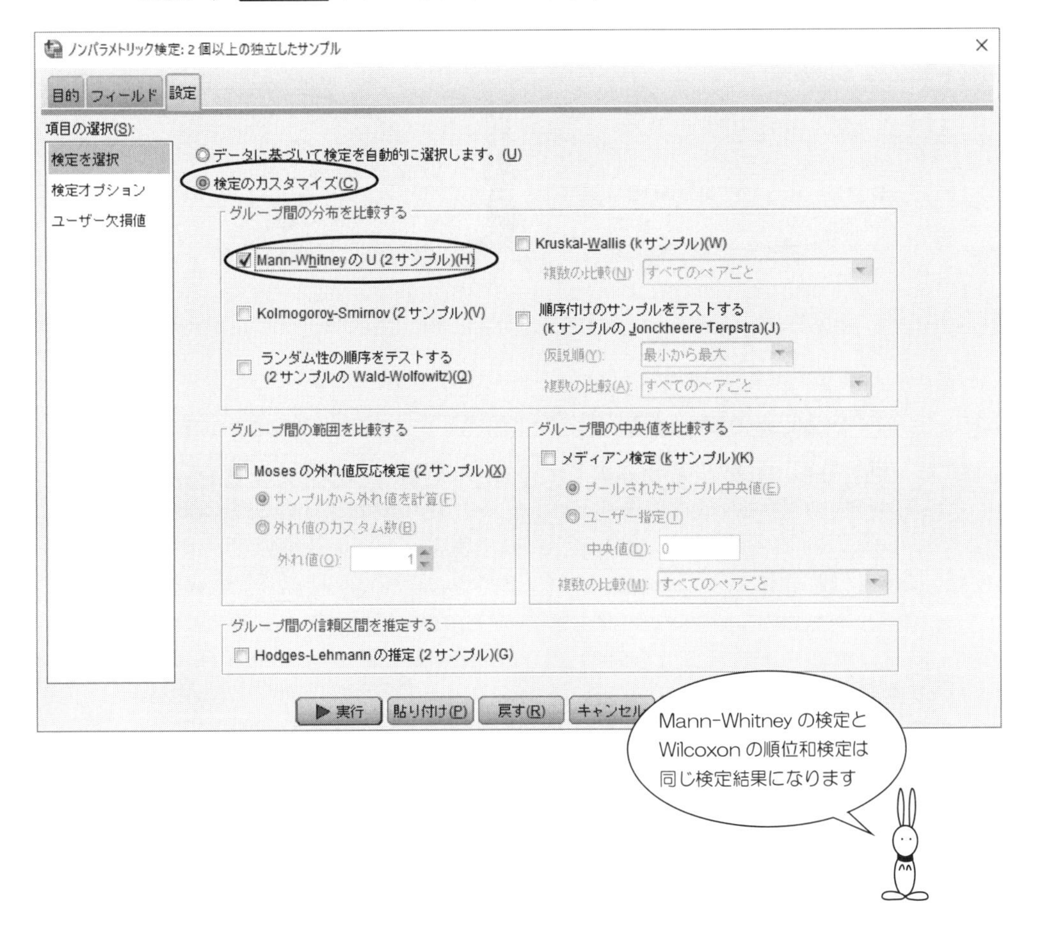

【SPSS による出力】

仮説検定の要約

	帰無仮説	検定	有意確率	決定
1	性格 の分布は ウツ の カテゴリで同じです。	独立サンプルによる Mann-Whitney の U の検定	.012	帰無仮説を棄却します。
2	世話 の分布は ウツ の カテゴリで同じです。	独立サンプルによる Mann-Whitney の U の検定	.064	帰無仮説を棄却できません。

漸近的な有意確率が表示されます。 有意水準は .050 です。

【性格についての差の検定】

独立サンプルによる Mann-Whitney の U の検定の要約

合計数	100
Mann-Whitney の U	900.000
Wilcoxon の W	2331.000
検定統計量	900.000
標準誤差	137.036
標準化された検定統計量	-2.521
漸近有意確率 (両側検定)	.012

【世話についての差の検定】

独立サンプルによる Mann-Whitney の U の検定の要約

合計数	100
Mann-Whitney の U	990.500
Wilcoxon の W	2421.500
検定統計量	990.500
標準誤差	137.544
標準化された検定統計量	-1.854
漸近有意確率 (両側検定)	.064

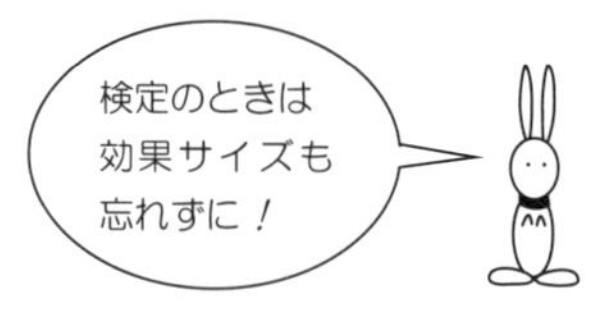

【出力結果の読み取り方】

【性格】の検定統計量 −2.521 と棄却域の関係は，
次のようになります．

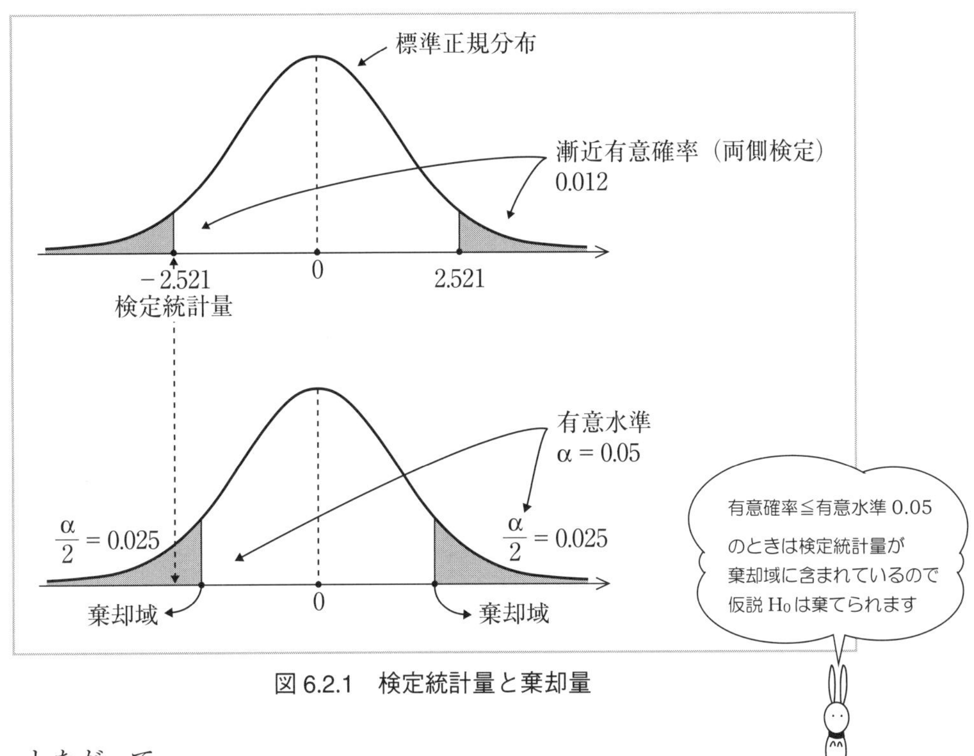

図 6.2.1　検定統計量と棄却量

したがって，

漸近有意確率 0.012 ≦有意水準 0.05

なので，仮説 H_0 は棄てられます．

つまり，

“ウツを経験したことがあるグループと
ウツを経験したことがないグループとでは，
ペットの性格に対する考え方に差がある”

ということがわかりました．

演　習

6

【6.1】　ダンゴムシの飼育の経験があるグループと
ダンゴムシの飼育の経験がないグループとでは,
ペットの【種類】の選択に差があるのかどうか,
ノンパラメトリック検定をしてください.

【6.2】　アレルギーのあるグループと
アレルギーのないグループとでは
ペットの【種類】の選択に差があるのかどうか,
ノンパラメトリック検定をしてください.

解答

【6.1】

仮説検定の要約

	帰無仮説	検定	有意確率	決定
1	種類 の分布は ダンゴムシ の カテゴリで同じです。	独立サンプルによる Mann-Whitney の U の検定	.040	帰無仮説を棄却 します。

漸近的な有意確率が表示されます。 有意水準は .050 です。

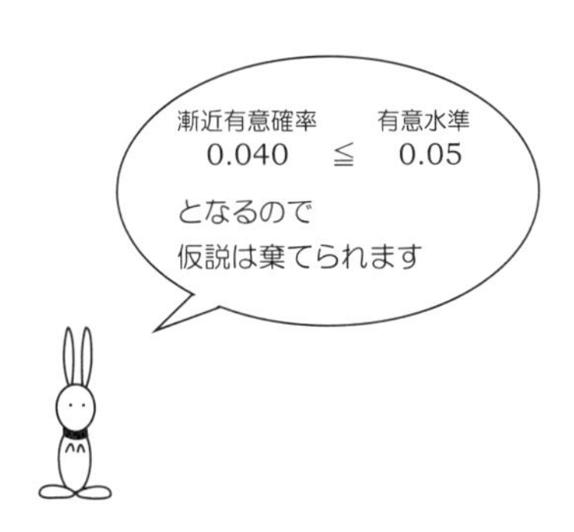

独立サンプルによる Mann-Whitney の U の検定の要約

合計数	100
Mann-Whitney の U	1526.000
Wilcoxon の W	3011.000
検定統計量	1526.000
標準誤差	138.544
標準化された検定統計量	2.050
漸近有意確率 (両側検定)	.040

【6.2】

仮説検定の要約

	帰無仮説	検定	有意確率	決定
1	種類 の分布は アレルギー の カテゴリで同じです。	独立サンプルによる Mann-Whitney の U の検定	.005	帰無仮説を棄却 します。

漸近的な有意確率が表示されます。 有意水準は .050 です。

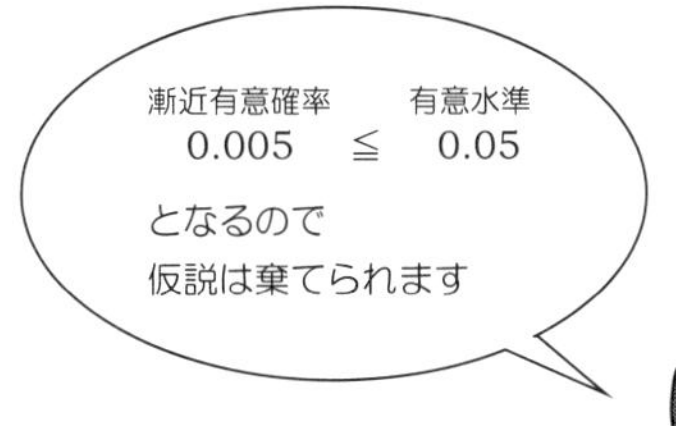

独立サンプルによる Mann-Whitney の U の検定の要約

合計数	100
Mann-Whitney の U	1638.000
Wilcoxon の W	3016.000
検定統計量	1638.000
標準誤差	138.879
標準化された検定統計量	2.808
漸近有意確率 (両側検定)	.005

7章 コレスポンデンス分析でわかるカテゴリとカテゴリの対応

Section 7.1 アンケート調査で知りたいことは，なに？

知りたいことは……

アンケート調査の質問項目 1.2 と質問項目 2.1

【家族構成】 と ペットの【種類】

の間には，どのような対応があるのでしょうか？

この２つの項目の
カテゴリの対応は？

項目 1.2　あなたの家族構成は，次のどれですか？　【家族構成】

1. 一人暮らし　2. 親と同居　3. 夫婦二人
4. 子供あり　5. その他

項目 2.1　あなたは，ペットの種類をどの程度重視しますか？　【種類】

1. 重視しない　2. あまり重視しない　3. やや重視する　4. 重視する

このようなときは……

このようなときは，コレスポンデンス分析をしてみよう．

コレスポンデンス
＝ correspondence

コレスポンデンス分析をすると

“【家族構成】が夫婦二人の人は，
ペットの【種類】を重視しない”

とか

“【家族構成】が子供ありの人は，
ペットの【種類】を重視している”

といったような

【家族構成】の５つのカテゴリ

{ 一人暮らし　親と同居　夫婦二人　子供あり　その他 }

と

ペットの【種類】の４つのカテゴリ

{ 重視しない　あまり重視しない　やや重視する　重視する }

の

“カテゴリ間の対応”

を調べることができます．

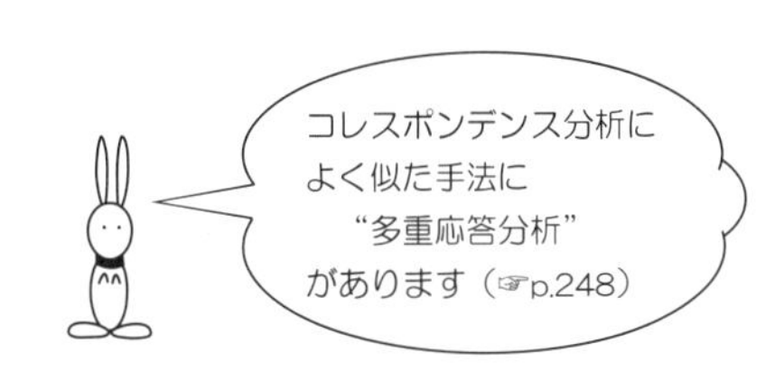

Section 7.2 コレスポンデンス分析をしてみよう

【家族構成】の5つのカテゴリ

{ 一人暮らし　親と同居　夫婦二人　子供あり　その他 }

と，ペットの【種類】の4つのカテゴリ

{ 重視しない　あまり重視しない　やや重視する　重視する }

の間の対応を調べてみよう．

手順 1　データを用意したら，メニューバーの 分析(A) をクリック．
次元分解(D) ⇨ コレスポンデンス分析(C) へ．

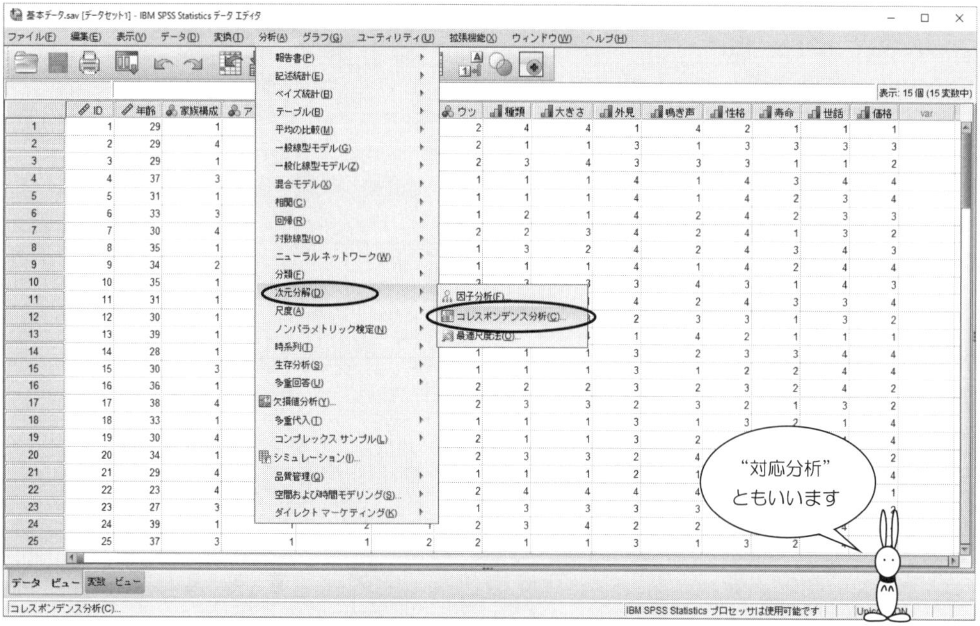

手順 2　家族構成を 行(W) のワクの中へ移動します．

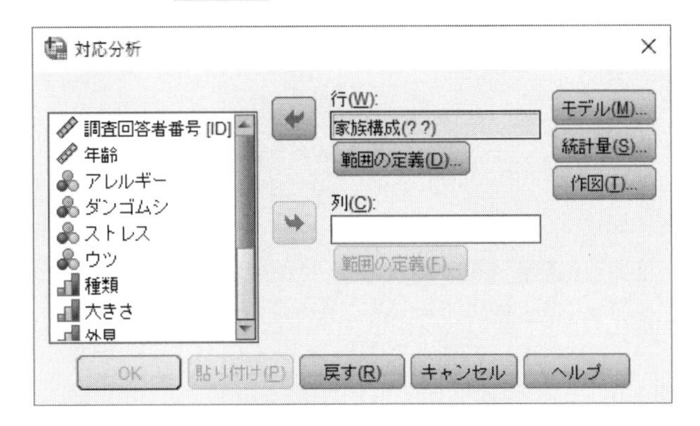

手順 3　範囲の定義(D) をクリックして，次のように入力します．

最小値(M)　に　1

最大値(A)　に　5

そして，更新(U) をクリックしたあと，続行(C)．

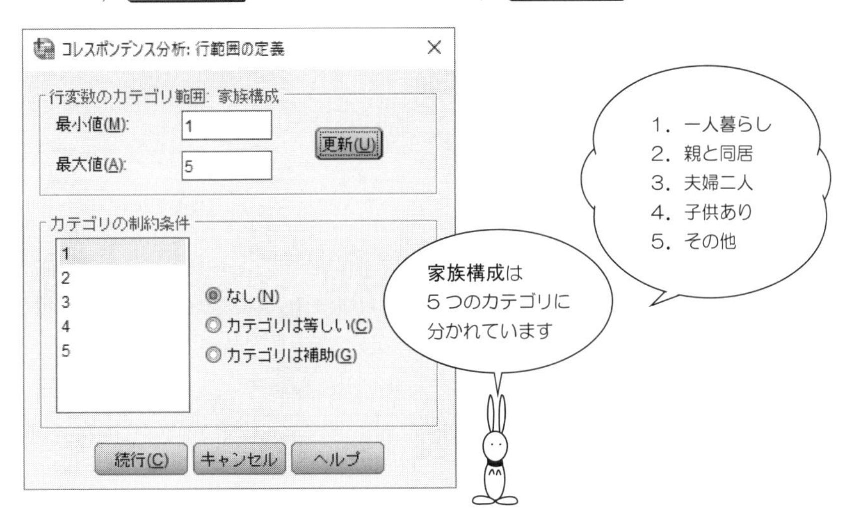

手順 **4** 種類を 列(C) のワクの中へ移動し……

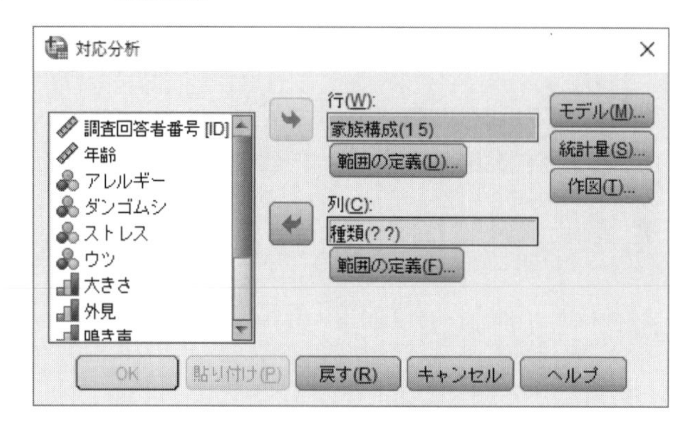

手順 **5** 範囲の定義(F) をクリックして，次のように入力します．

最小値(M) に 1

最大値(A) に 4

そして， 更新(U) をクリックしたあとで， 続行(C) ．

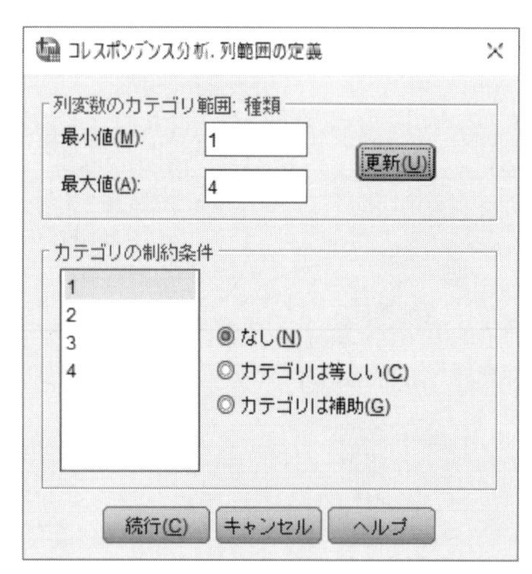

手順 6　作図(T) をクリックして，バイプロット(B) にチェックが入っていることを確認しておきましょう．

そして，続行(C)．

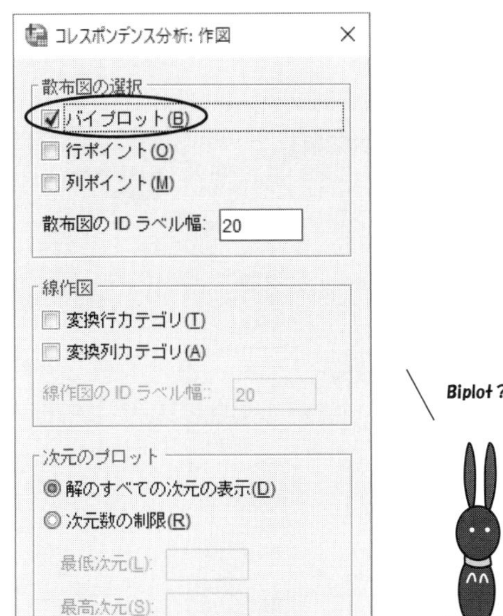

手順 7　次の画面にもどったら，あとは， OK ボタンをクリック！

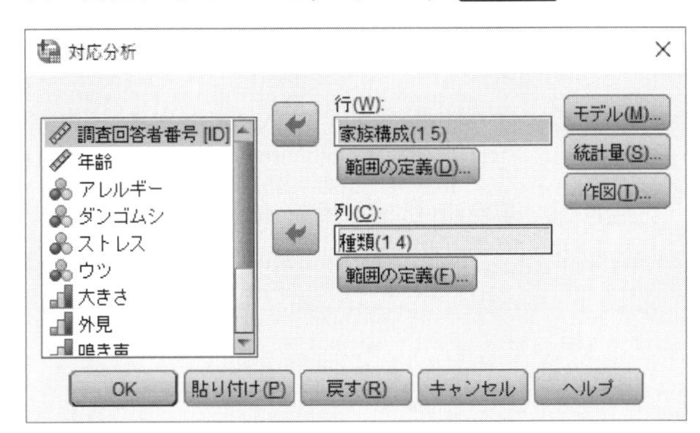

【SPSS による出力】

家族構成とペットの種類のバイプロットは
次のように作図されます.

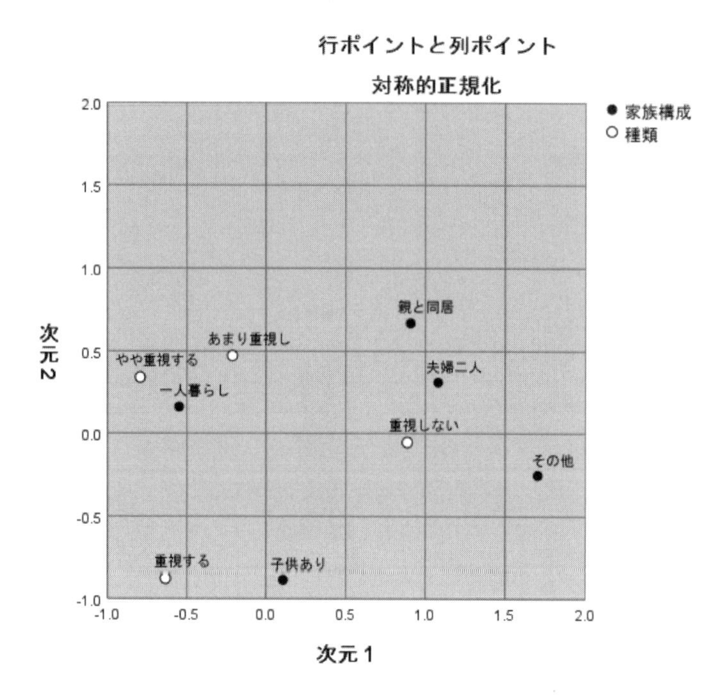

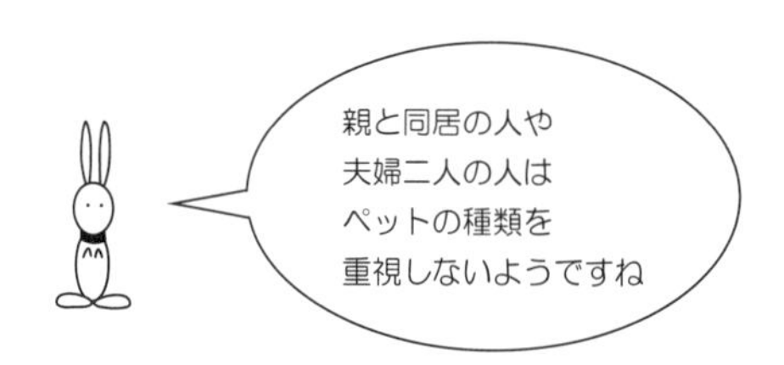

家族構成と性格のバイプロットは
次のように出力されます.

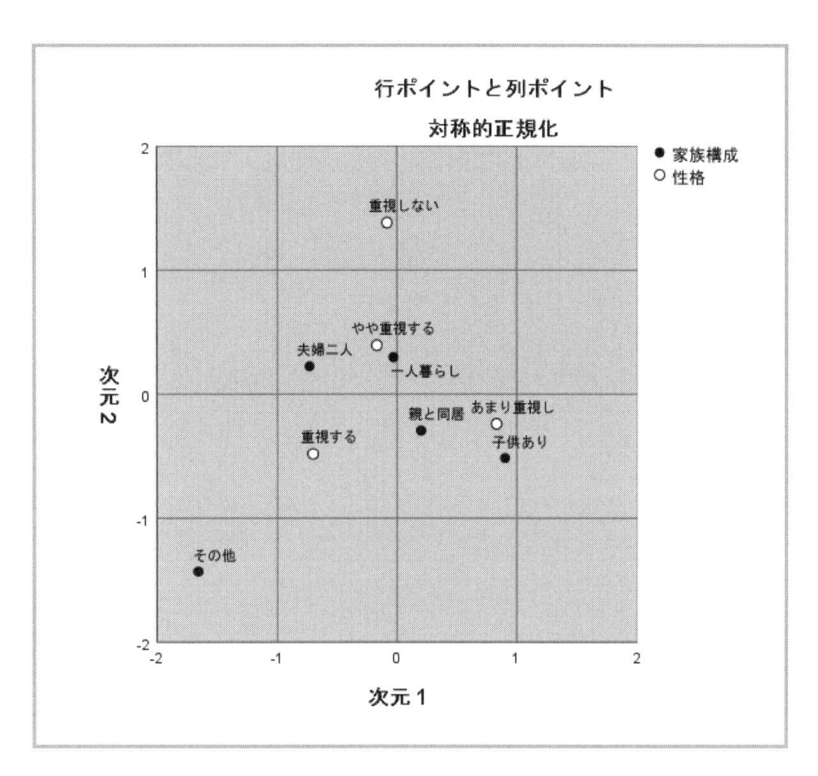

演　習

7

【7.1】　【家族構成】と　ペットの【大きさ】について,
コレスポンデンス分析をしてください.

【7.2】　【家族構成】と　ペットの【外見】について,
コレスポンデンス分析をしてください.

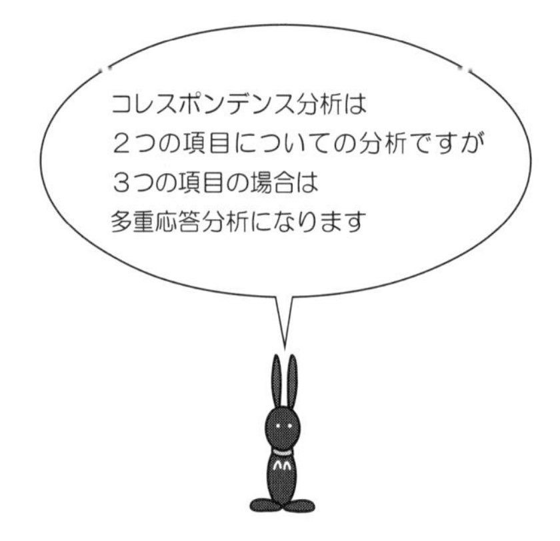

解答

【7.1】

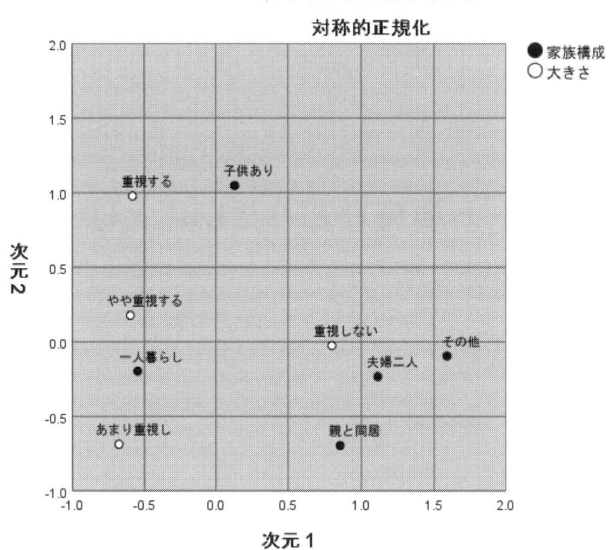
行ポイントと列ポイント
対称的正規化
家族構成
大きさ
子供あり
重視する
やや重視する
重視しない
その他
一人暮らし
夫婦二人
あまり重視し
親と同居
次元 1
次元 2
2.0
1.5
1.0
0.5
0.0
-0.5
-1.0
-1.0
-0.5
0.0
0.5
1.0
1.5
2.0

【7.2】

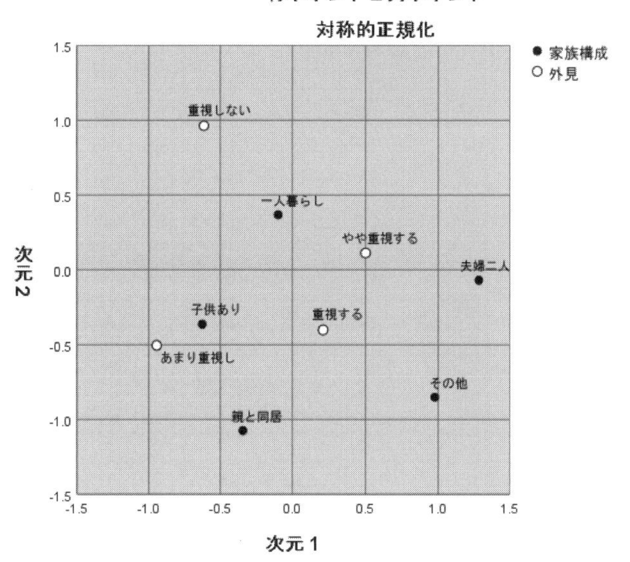
行ポイントと列ポイント
対称的正規化
家族構成
外見
重視しない
一人暮らし
やや重視する
夫婦二人
子供あり
重視する
あまり重視し
その他
親と同居
次元 1
次元 2
1.5
1.0
0.5
0.0
-0.5
-1.0
-1.5
-1.5
-1.0
-0.5
0.0
0.5
1.0
1.5

8章 主成分分析で総合的特性を求めてみよう

Section 8.1 アンケート調査で知りたいことは，なに？

知りたいことは……

次の5つの質問項目を総合化して，
その特性を調べたいのですが……

これらの質問項目を
まとめて総合的特性を
取り出せれば……

ペットの選択において，次の項目をどの程度重視しますか？

項目	内容	重視しない	あまり重視しない	やや重視する	重視する	
項目 2.3	ペットの外見	1	2	3	4	【外見】
項目 2.5	ペットの性格	1	2	3	4	【性格】
項目 2.6	ペットの寿命	1	2	3	4	【寿命】
項目 2.7	ペットの世話	1	2	3	4	【世話】
項目 2.8	ペットの価格	1	2	3	4	【価格】

このようなときは……

このようなときは，主成分分析をしてみよう．

主成分分析をすると，5つの質問項目を

$$\boxed{\text{特性 1}} = 0.837 \times \text{【外見】} + 0.805 \times \text{【価格】} + 0.712 \times \text{【性格】} + 0.662 \times \text{【寿命】} + 0.464 \times \text{【世話】}$$

とか

$$\boxed{\text{特性 2}} = -0.200 \times \text{【外見】} - 0.220 \times \text{【価格】} - 0.426 \times \text{【性格】} + 0.589 \times \text{【寿命】} + 0.550 \times \text{【世話】}$$

のように，1次式の形で総合化して，

総合的特性

を抽出してくれます．

主成分分析は，多くの質問項目をいくつかの特性に総合化する統計処理です．

図で表現すると，次のような感じになります．

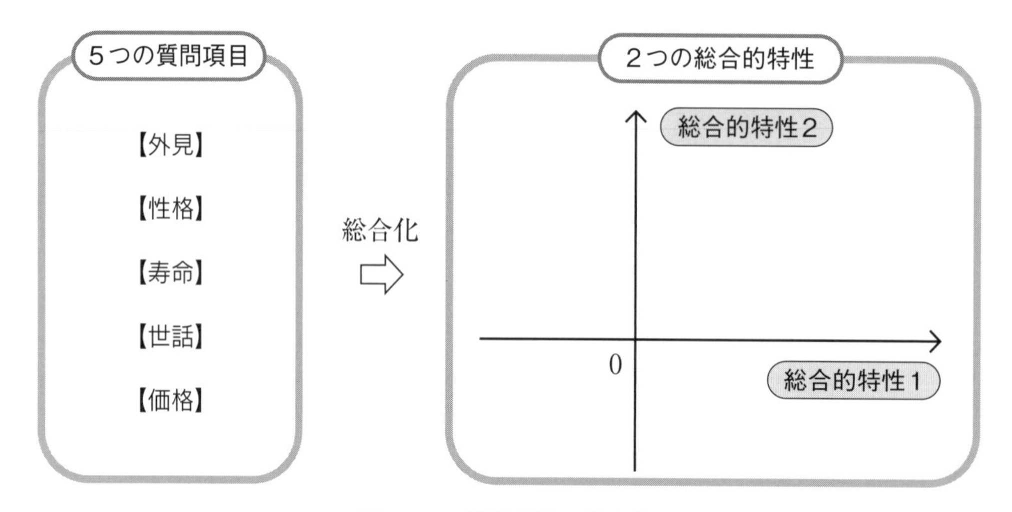

図 8.1.1　質問項目の総合化

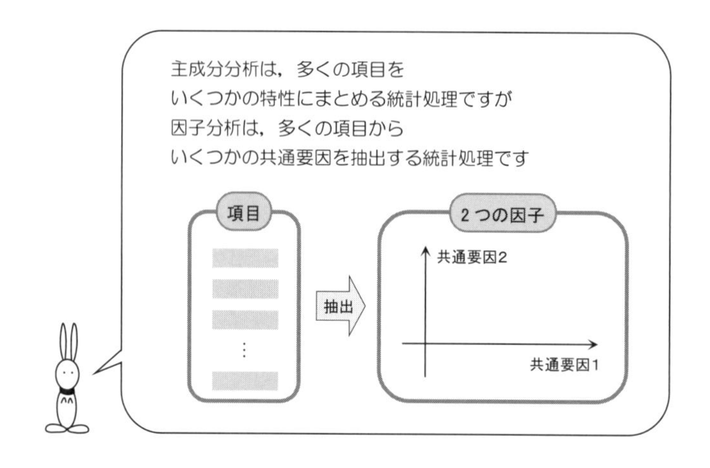

ところで，5つの質問項目には

【外見】【性格】【寿命】【世話】【価格】

のように，それぞれ項目名が付いていますが，
総合的特性 1，総合的特性 2 には，まだ具体的な名前が付いていません．

そこで，特性の 1 次式の係数を見ながら

総合的特性 1 ＝ ペットのかわいらしさ
総合的特性 2 ＝ ペットのさわりごこち

のように，それぞれの特性に名前を付けます．

このデータでは
5つの変数が 2 つの特性に
まとめられました

この総合化された特性のことを

主成分

といいます．

したがって

第 1 主成分 ＝ ペットのかわいらしさ
第 2 主成分 ＝ ペットのさわりごこち

となります．

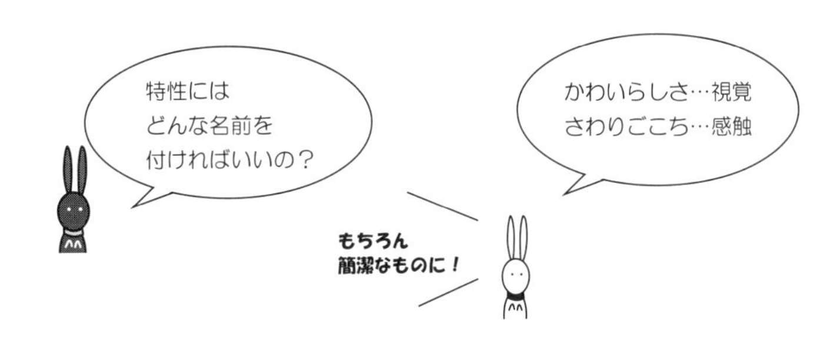

Section 8.2 主成分分析をしてみよう

主成分分析には

- 相関行列による方法
- 分散共分散行列による方法

の2通りがあります．

ここでは，分散共分散行列による方法で主成分分析をしましょう．

手順1 データは，次のようになっています．

	ID	年齢	家族構成	アレルギー	ダンゴムシ	ストレス	ウツ	種類	大きさ	外見	鳴き声	性格	寿命	世話
1	1	29	1	2	2	2	2	4	4	1	4	2	1	1
2	2	29	4	2	1	1	2	1	1	3	1	3	3	3
3	3	29	1	1	2	2	2	3	4	3	3	3	1	1
4	4	37	3	2	1	1	1	1	1	4	1	4	3	4
5	5	31	1	1	1	1	1	1	1	4	1	4	2	3
6	6	33	3	2	2	1	1	2	1	4	2	4	2	3
7	7	30	4	2	2	2	2	2	3	4	2	4	1	3
8	8	35	1	2	2	2	1	3	2	4	2	4	3	4
9	9	34	2	1	2	1	1	1	1	4	1	4	2	4
10	10	35	1	1	2	1	2	3	3	3	4	3	1	4
11	11	31	1	1	1	1	1	1	1	4	2	4	3	3
12	12	30	1	2	2	2	1	3	3	2	3	3	1	3
13	13	39	1	2	2	2	2	4	4	1	4	2	1	1
14	14	28	1	1	2	1	1	1	1	3	2	3	3	4
15	15	30	3	2	1	2	1	1	1	3	1	2	2	4
16	16	36	1	2	1	2	2	2	2	3	2	3	2	4
17	17	38	4	2	2	2	2	3	3	2	3	2	1	3
18	18	33	1	2	2	1	1	1	1	3	1	3	2	1
19	19	30	4	2	1	1	2	1	1	3	2	2	3	4
20	20	34	1	2	2				3	2	4	2	1	1
21	21	29	4	1						2	1	2	2	3
22	22	23	4	2							4	4	1	4
23	23	27	3	2							3	3	2	4
24	24	39	1	1							2	3	3	4
25	25	37	3	1								3	2	4

相関行列による方法とは

$$\text{データの標準化} = \frac{\text{データ}-\text{平均値}}{\text{標準偏差}}$$

による
主成分分析のことです

手順 2　分析(A) をクリックすると，メニューが現れます．

ファイル(F)　編集(E)　表示(V)　データ(D)　変換(T)　分析(A)　グラフ(G)　ユーティリティ(U)　拡張機能(X)　ウィンドウ(W)　ヘルプ(H)

報告書(P)
記述統計(E)
ベイズ統計(B)
テーブル(B)
平均の比較(M)
一般線型モデル(G)
一般化線型モデル(Z)
混合モデル(X)
相関(C)
回帰(R)
対数線型(O)
ニューラル ネットワーク(W)
分類(F)
次元分解(D)
尺度(A)
ノンパラメトリック検定(N)
時系列(T)
生存分析(S)
多重回答(U)
欠損値分析(Y)...
多重代入(T)
コンプレックス サンプル(L)
シミュレーション(I)...

手順 3　メニューの中の 次元分解(D) を選択．

さらに，サブメニューの中から， 因子分析(F) を選びます．

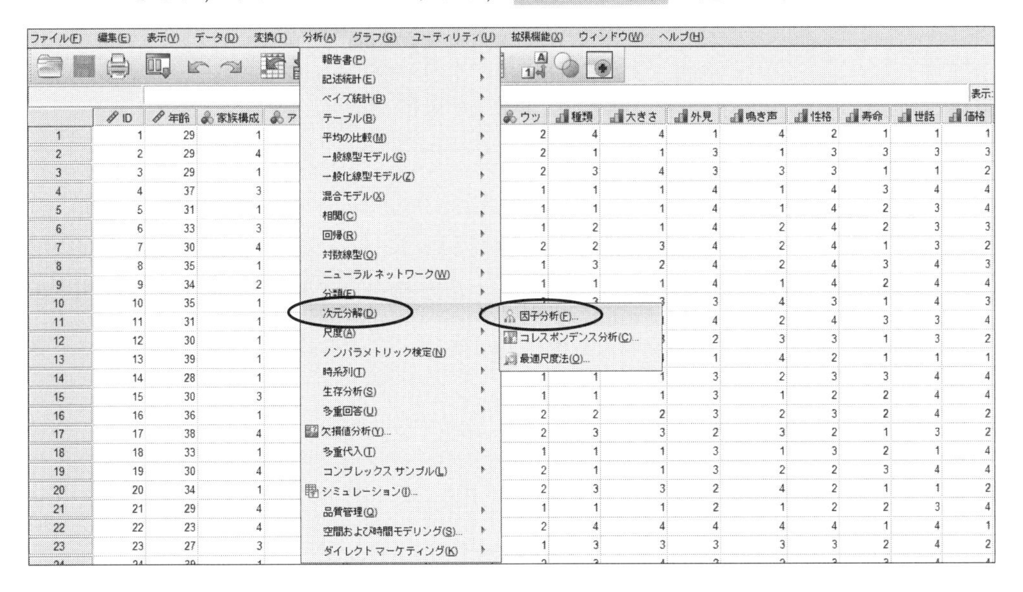

手順 4 次の画面が現れます.

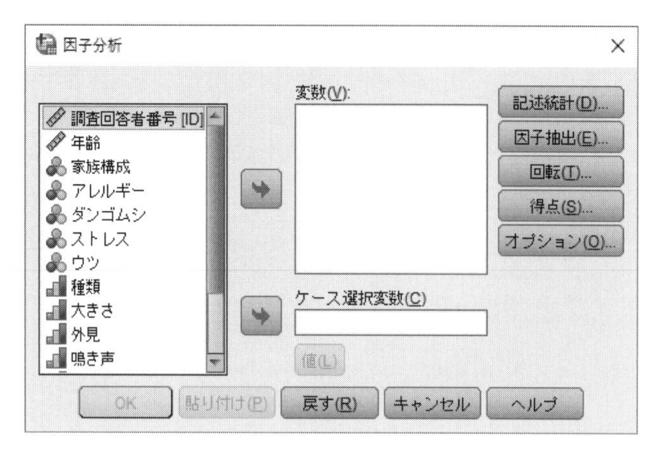

手順 5 外見から価格までの 5 つの質問項目を,

変数(V) の中へ移動します.

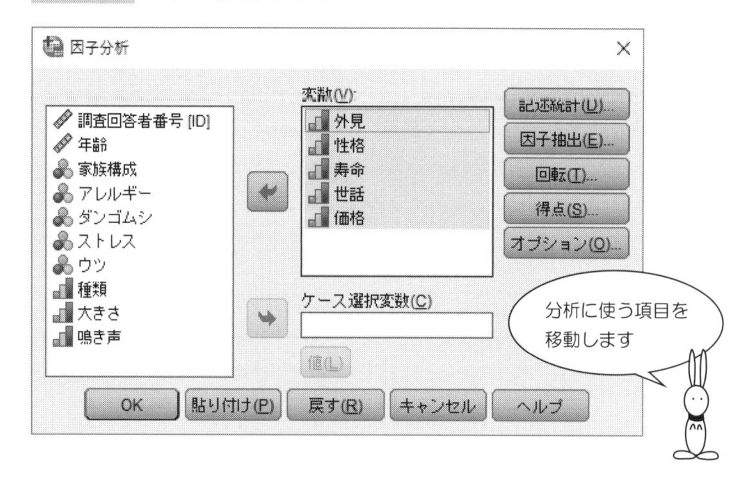

手順 6 因子抽出(E) をクリックすると，次の画面になります.

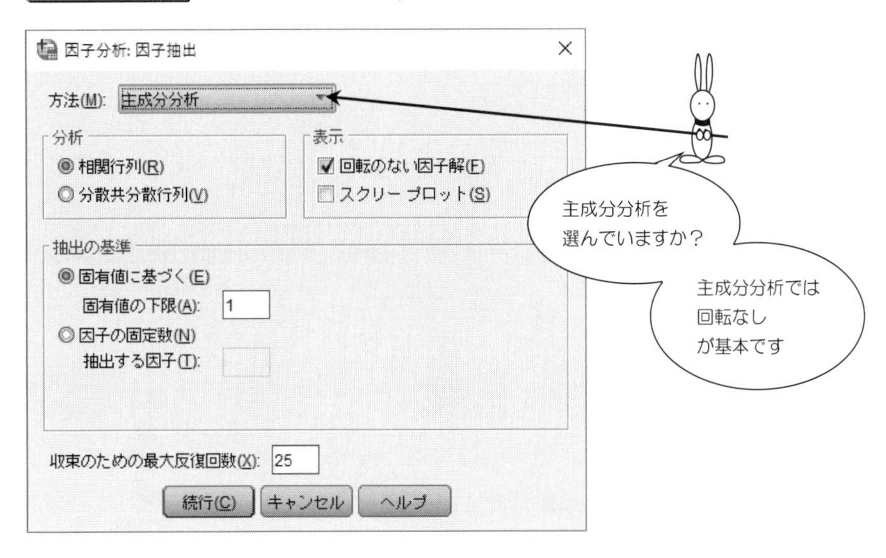

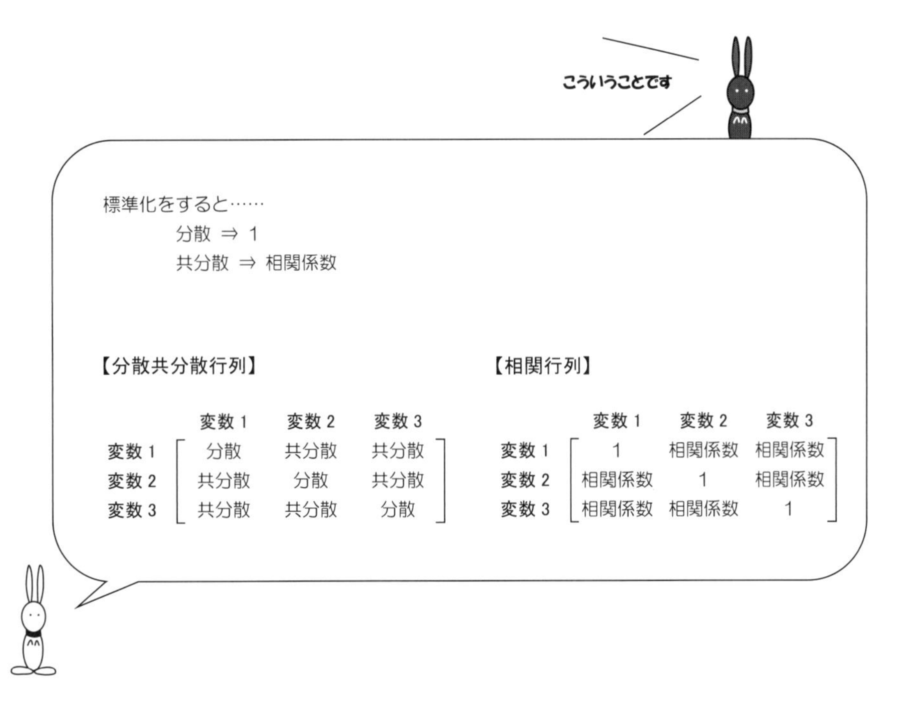

手順 **7** そこで，○分散共分散行列(V) をチェック．

手順 **8** 次に，○因子の固定数(N) をチェックして，2 と入力します．
そして，続行．

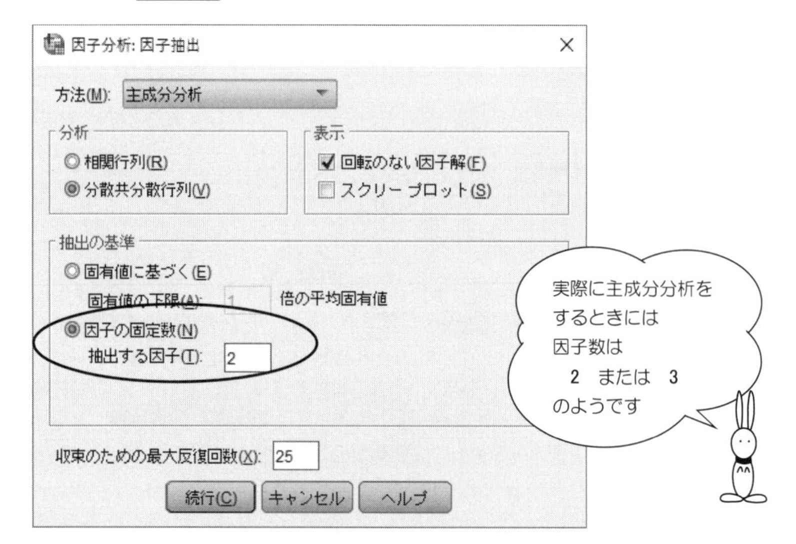

手順9　主成分の項目を大きさの順に並べたいときは，

オプション(O) をクリックして

□サイズによる並び替え(S)

にチェックをしておきます．そして，続行．

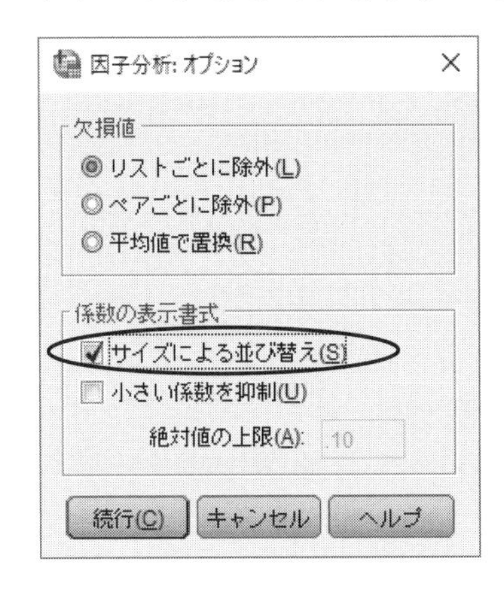

手順10　次の画面にもどったら，あとは， OK ボタンをクリック．

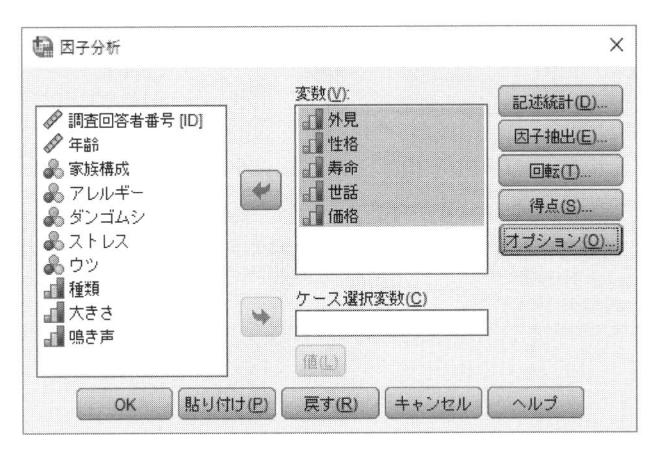

【SPSS による出力・その 1】

共通性

	元データ		再調整	
	初期	因子抽出後	初期	因子抽出後
外見	.987	.730	1.000	.740
性格	.733	.505	1.000	.689
寿命	.798	.414	1.000	.518
世話	1.038	.815	1.000	.785
価格	1.250	.870	1.000	.696

因子抽出法: 主成分分析

説明された分散の合計

		初期の固有値[a]			抽出後の負荷量平方和		
	成分	合計	分散の %	累積 %	合計	分散の %	累積 %
元データ	1	2.498	51.989	51.989	2.498	51.989	51.989
	2	.835	17.372	69.361	.835	17.372	69.361
	3	.683	14.205	83.566			
	4	.547	11.382	94.948			
	5	.243	5.052	100.000			
再調整	1	2.498	51.989	51.989	2.508	50.165	50.165
	2	.835	17.372	69.361	.920	18.393	68.557
	3	.683	14.205	83.566			
	4	.547	11.382	94.948			
	5	.243	5.052	100.000			

因子抽出法: 主成分分析

a. 共分散行列を分析する場合、初期の固有値は行の横列および再調整された解と同じです。

【SPSS による出力・その 2】

成分行列[a]

	元データ		再調整	
	成分		成分	
	1	2	1	2
外見	.831	-.199	.837	-.200
価格	.900	-.246	.805	-.220
性格	.610	-.365	.712	-.426
世話	.674	.600	.662	.589
寿命	.415	.491	.464	.550

因子抽出法: 主成分分析

a. 2 個の成分が抽出されました

【出力結果の読み取り方】

第１主成分の係数

SPSS の出力の中に，次のような部分があります．

成分行列[a]

	再調整 成分	
	1	2
外見	.837	-.200
価格	.805	-.220
性格	.712	-.426
世話	.662	.589
寿命	.464	.550

因子抽出法: 主成分分析
a. 2 個の成分が抽出されました

この成分１と成分２が，第１主成分と第２主成分の係数になっています．

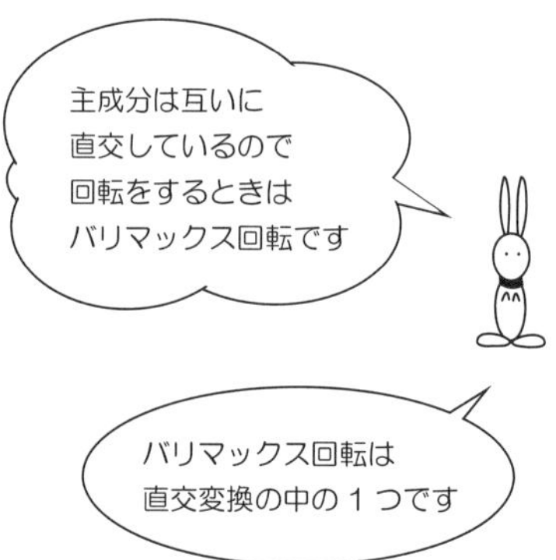

したがって，第 1 主成分 z_1 は

$$z_1 = 0.837 \times【外見】+ 0.805 \times【価格】+ 0.712 \times【性格】+ 0.662 \times【世話】+ 0.464 \times【寿命】$$

となります.

この主成分のことを

総合的特性

と呼んでいます.

なぜ，この主成分のことを総合的特性というのでしょうか？

主成分は，5 つの質問項目の 1 次式の合計 からなっているので
その意味で 5 つの質問項目の総合化になっています.

でも，それだけではありません.

もう一つの理由を知るためには

“データの持っている情報量”

に注目する必要があります.

第1主成分と第2主成分の情報量

SPSS の次の出力を見てみましょう．

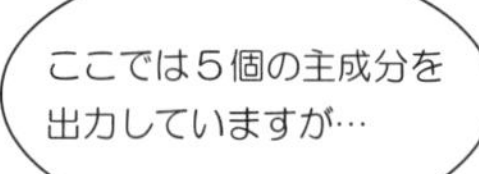

説明された分散の合計

	成分	初期の固有値[a] 合計	分散の %	累積 %	抽出後の負荷量平方和 合計	分散の %	累積 %
元データ	1	2.498	51.989	51.989	2.498	51.989	51.989
	2	.835	17.372	69.361	.835	17.372	69.361
	3	.683	14.205	83.566	.683	14.205	83.566
	4	.547	11.382	94.948	.547	11.382	94.948
	5	.243	5.052	100.000	.243	5.052	100.000
再調整	1	2.498	51.989	51.989	2.508	50.165	50.165
	2	.835	17.372	69.361	.920	18.393	68.557
	3	.683	14.205	83.566	.684	13.686	82.243
	4	.547	11.382	94.948	.598	11.967	94.211
	5	.243	5.052	100.000	.289	5.789	100.000

因子抽出法: 主成分分析

a. 共分散行列を分析する場合、初期の固有値は行の横列および再調整された解と同じです。

この出力の部分が，データの持っている情報量を表しています．

たとえば，成分 1 の固有値は 2.498 で，

そのパーセントは 51.989 になっています．

このことは，次の式

$$\frac{2.498}{2.498+0.835+0.683+0.547+0.243}\times 100=51.989\%$$

と同じです．

よって，成分 1 の固有値 2.498 は，データの全部の固有値

$$2.498+0.835+0.683+0.547+0.243=4.806$$

のうち，51.989％というわけです．

つまり，第 1 主成分は全部の情報量のうち，51.989％の情報を持っています．

成分 2（＝第 2 主成分）は

$$\frac{0.835}{4.806}\times 100=17.372\%$$

つまり，第 2 主成分は全部の情報量のうち，17.372％の情報を持っています．

ところが，成分 5（＝第 5 主成分）では

$$\frac{0.243}{4.806}\times 100=5.052\%$$

したがって，第 5 主成分には，ほとんど情報は残っていません．

このように，主成分分析をすると 100 人の調査回答者の情報は

第 1 主成分，第 2 主成分

に，ほとんど集まっています．

そこで，この第 1 主成分や第 2 主成分のことを

総合的特性

と呼んでいるわけです．

第 1 主成分と第 2 主成分の総合的特性

第 1 主成分，第 2 主成分は，それぞれどのような総合的特性を持っているのでしょうか？

そこでもう一度，成分 1 と成分 2 の係数をながめてみると…
すると，次のように係数の絶対値の大きい項目があることに気づきます．

成分行列[a]

	再調整	
	成分	
	1	2
外見	.837	-.200
価格	.805	-.220
性格	.712	-.426
世話	.662	.589
寿命	.464	.550

第 1 主成分では

{ 【外見】【価格】【性格】 }

第 2 主成分では

{ 【世話】【寿命】 }

といったところです．

つまり，……

第 1 主成分は，次の 3 つの質問項目

$$\left\{ \text{【外見】【価格】【性格】} \right\}$$

を主に総合化した特性と考えられます．

これらの項目は，生活の安定に関するものなので

第 1 主成分 ＝ **ペットのかわいらしさ**

と名付けることができます．

第 2 主成分については

$$\left\{ \text{【世話】【寿命】} \right\}$$

といった質問項目を主に総合化した特性と考えらるので，

第 2 主成分 ＝ **ペットのさわりごこち**

と名前を付けます．

Section 8.3 主成分得点で調査回答者の特性を！

主成分分析をすることにより，5つの質問項目

【外見】【性格】【寿命】
【世話】【価格】

は，2つの主成分

第1主成分 ＝ ペットのかわいらしさ
第2主成分 ＝ ペットのさわりごこち

に総合化されました．

ということは……

主成分分析をすることにより，はじめのデータの情報は
2つの主成分の平面上に移されたと考えられます．

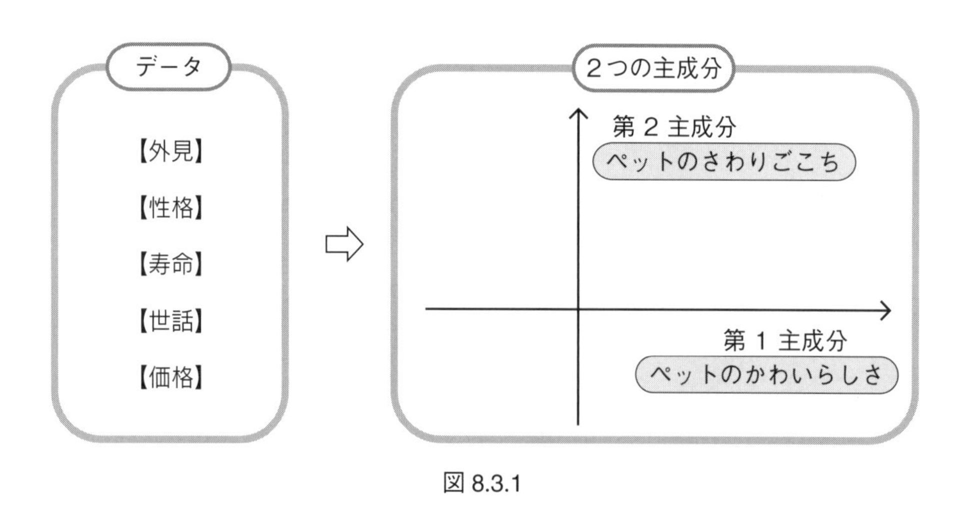

図 8.3.1

No.5 の調査回答者は，この新しい平面上のどこに位置するのでしょうか.

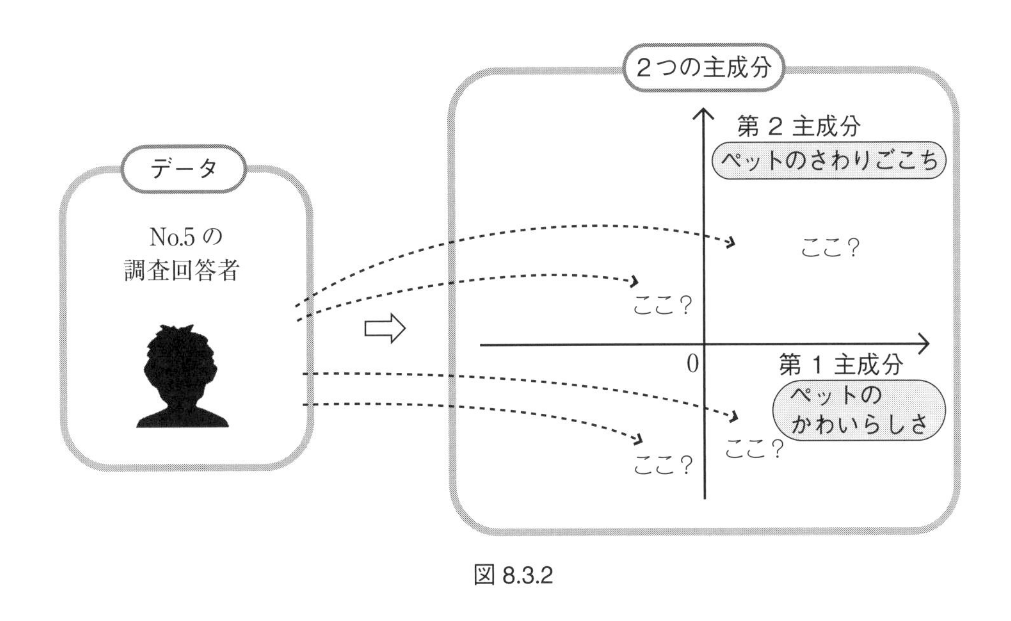

図 8.3.2

このようなときは，

第 1 主成分の主成分得点　と　第 2 主成分の主成分得点

をそれぞれ求めて，散布図上で，No.5 の調査回答者の位置を確認してみましょう.

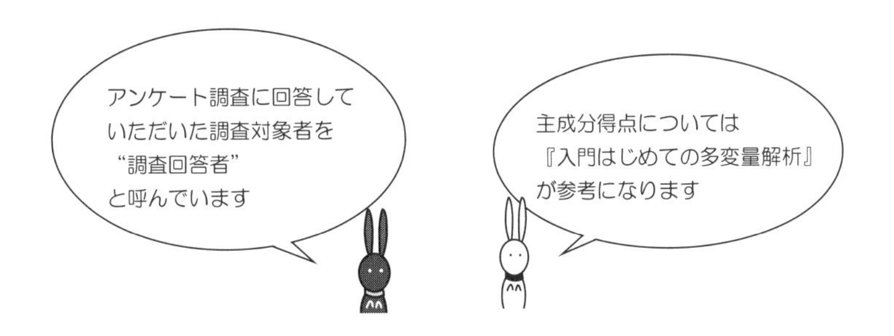

●── SPSS による主成分得点の求め方

手順 1　p.159 の手順 10 は，次の画面になっています．

そこで，［得点(S)］をクリック．

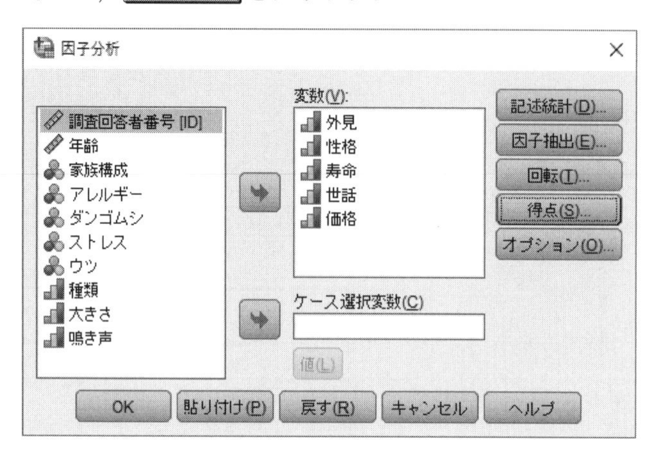

手順 2　次の画面になったら，

□変数として保存(S)

をチェックして，［続行(C)］.

手順 3　次の画面にもどったら，あとは，

OK ボタンをクリック！

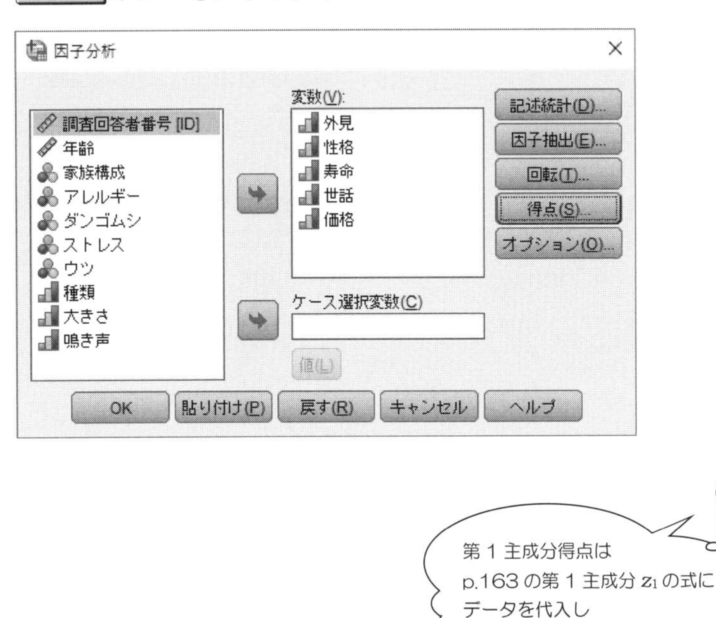

第 1 主成分得点は
p.163 の第 1 主成分 z_1 の式に
データを代入し
さらに標準化しています

【SPSS による出力】―― 主成分得点 ――

主成分得点は，次のようにデータファイルの右のほうに出力されています．

	寿命	世話	価格	FAC1_1	FAC2_1	var
1	1	1	1	-2.10451	-.58686	
2	3	3	3	.39682	.52757	
3	1	1	2	-.83493	-1.79373	
4	3	4	4	1.60348	.27781	
5	2	3	4	1.16765	-1.03015	
6	2	3	3	.80757	-.73553	
7	1	3	2	.28142	-1.02955	
8	3	4	3	1.24340	.57243	
9	2	4	4	1.43743	-.31083	
10	1	4	3	.33447	.06961	
11	3	3	4	1.33371	-.44151	
12	1	3	2	-.62806	-.11730	
13	1	1	1	-2.10451	-.58686	
14	3	4	4	1.02668	.95227	
15	2	4	4	.61649	.80030	
16	2	4	2	.14044	.95287	

第 1 主成分　　第 2 主成分

【出力結果の読み取り方】

たとえば，No.5 の調査回答者の主成分得点は

$$
\begin{cases}
\text{第 1 主成分得点} = 1.16765 \\
\text{第 2 主成分得点} = -1.03015
\end{cases}
$$

なので，No.5 の調査回答者の位置は次のようになります．

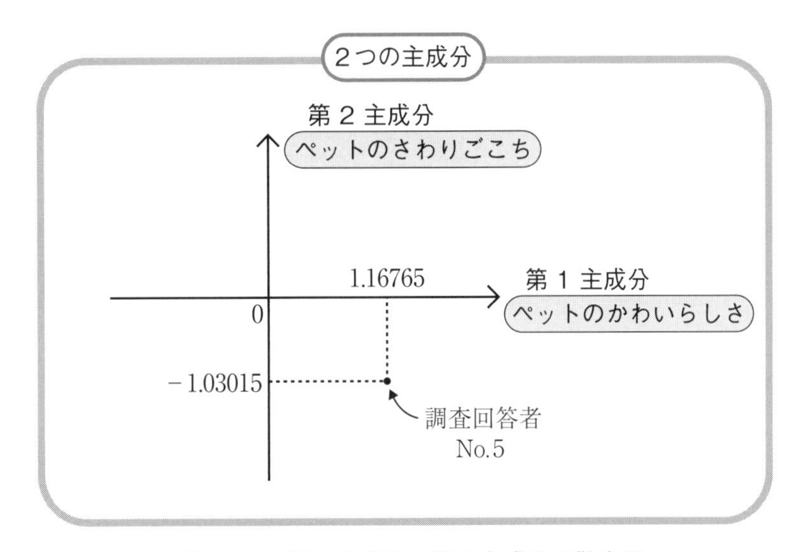

図 8.3.3　第 1 主成分と第 2 主成分の散布図

したがって，

“No.5 の調査回答者は，ペットのさわりごこち よりも ペットのかわいらしさ を望んでいる”

ことがわかります．

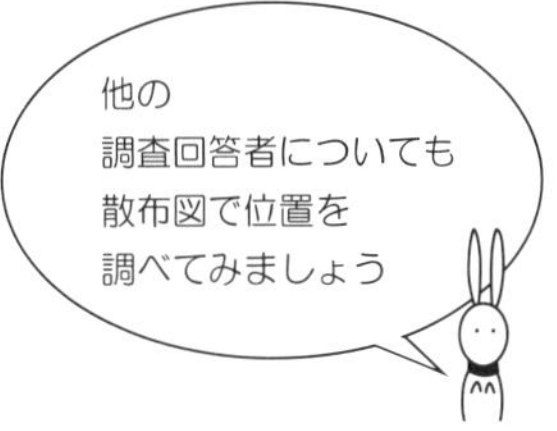

演　習
8

【8.1】　相関行列による方法で，第 1 主成分，第 2 主成分を求めてください.

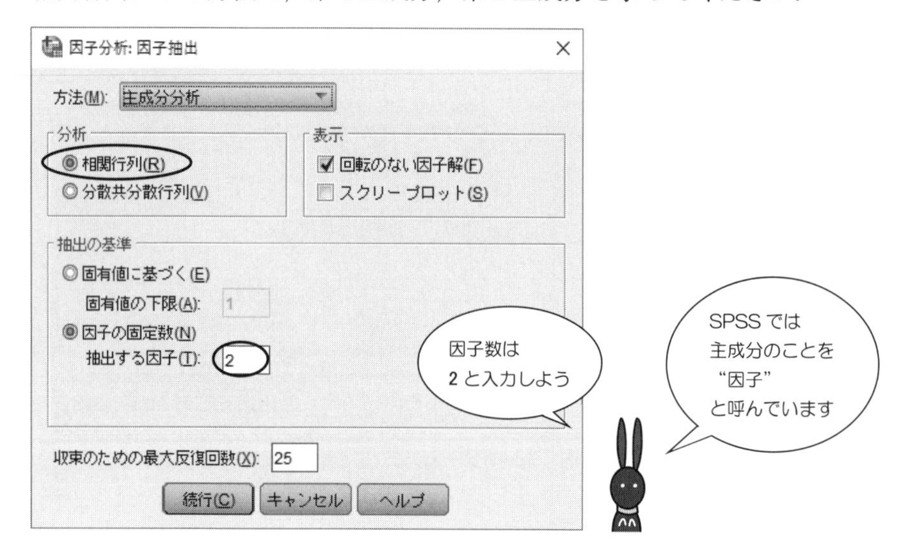

【8.2】　相関行列による方法で第 1 主成分得点，第 2 主成分得点を求めてください.

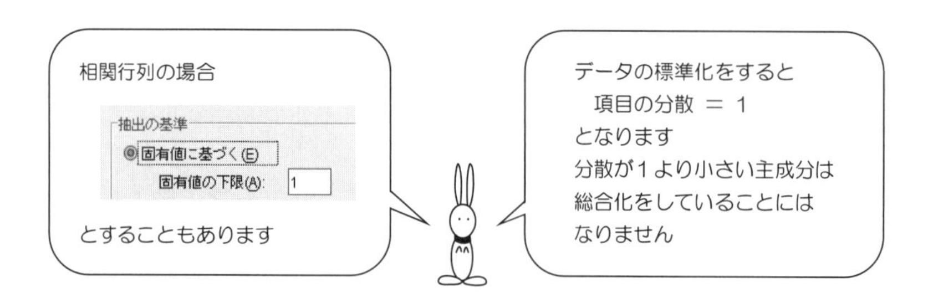

解答

【8.1】

成分行列[a]

	成分 1	成分 2
外見	.854	-.252
性格	.762	-.464
価格	.752	-.052
世話	.646	.390
寿命	.488	.732

因子抽出法: 主成分分析

a. 2 個の成分が抽出されました

【8.2】

	FAC1_1	FAC2_1
1	-2.05811	-.52534
2	.43700	.77463
3	-.76126	-1.65743
4	1.64458	.29923
5	1.17834	-.94104
6	.91257	-.89256
7	.43097	-1.68960
8	1.37881	.34771
9	1.42876	-.54629
10	.25578	-.52168
11	1.39416	-.09551
12	-.60011	-.60599
13	-2.05811	-.52534
14	.95320	1.12089
15	.38569	83508
94	.11992	.88356
95	.73738	.27537
96	.02071	-1.35964
97	-1.10096	-1.39548
98	-.18045	1.38282
99	.43700	.77463
100	1.07708	.01342
101		

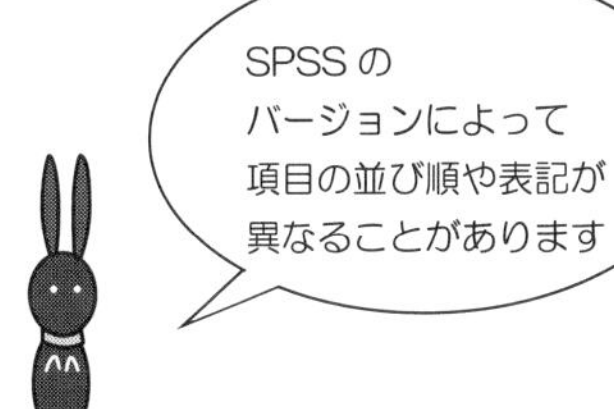

9章 因子分析で共通要因を探ってみよう

Section 9.1 アンケート調査で知りたいことは，なに？

知りたいことは……

次の５つの質問項目の

共通な要因を調べたいのですが……

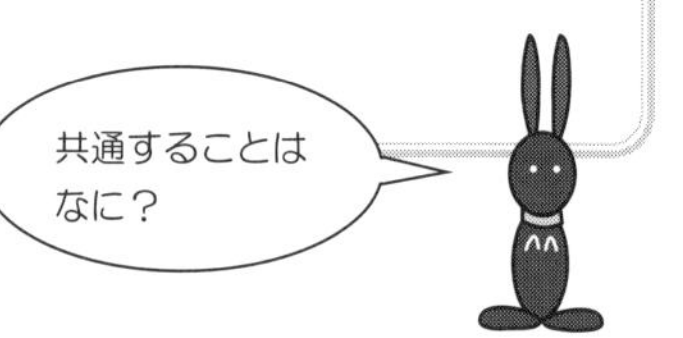

ペットの選択において，次の項目をどの程度重視しますか？

項目 2.3	ペットの外見	1 ……… 2 ……… 3 ……… 4	【外見】
項目 2.5	ペットの性格	1 ……… 2 ……… 3 ……… 4	【性格】
項目 2.6	ペットの寿命	1 ……… 2 ……… 3 ……… 4	【寿命】
項目 2.7	ペットの世話	1 ……… 2 ……… 3 ……… 4	【世話】
項目 2.8	ペットの価格	1 ……… 2 ……… 3 ……… 4	【価格】
		重視しない　あまり重視しない　やや重視する　重視する	

このようなときは……

このようなときは，因子分析をしてみよう．

因子分析をすると，5つの質問項目から

共通要因1の主な項目は

{ 【性格】【外見】【価格】 }

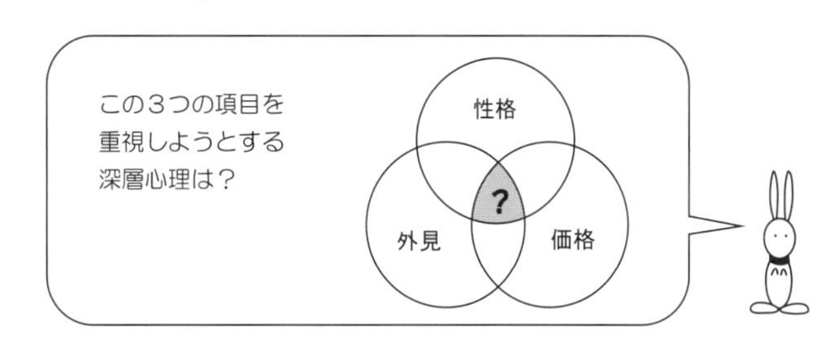

とか

共通要因2の主な項目は

{ 【世話】【寿命】 }

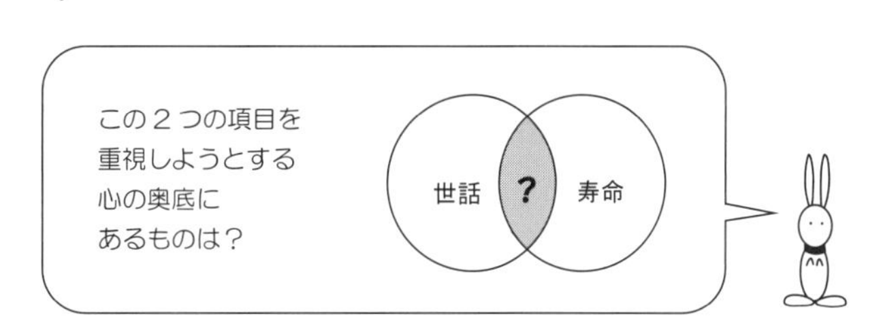

といったように，いくつかの質問項目に共通な要因を抽出してくれます．

因子分析は，多くの項目からいくつかの共通要因を抽出する統計処理です．

図で表現すれば，次のような感じになります．

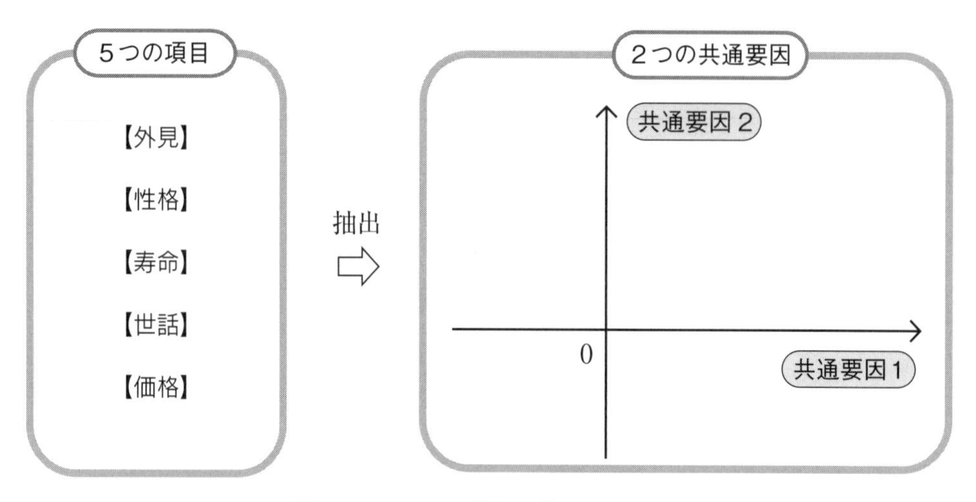

図 9.1.1　5つの項目の共通要因は？

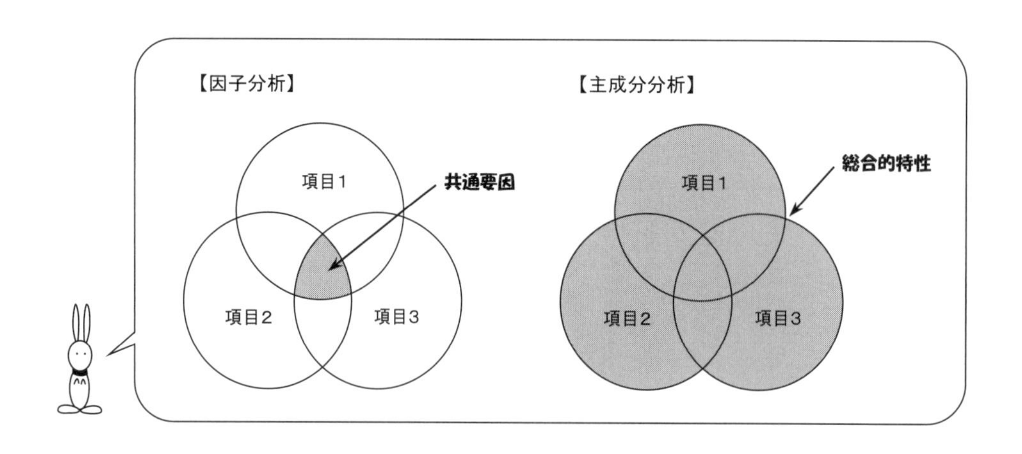

ところで，5つの質問項目には

【外見】【性格】【寿命】【世話】【価格】

のように，それぞれ項目名が付いていますが，
共通要因 1，共通要因 2 には，まだ具体的な名前が付いていません．

そこで，主な質問項目の共通点を考えながら

共通要因 1 ＝ ペットからの受動的な感情
共通要因 2 ＝ ペットへの　能動的な感情

のように，それぞれの共通要因に名前を付けます．

この共通要因のことを，

因子

といいます．

したがって

第 1 因子 ＝ ペットからの受動的な感情
第 2 因子 ＝ ペットへの　能動的な感情

となります．

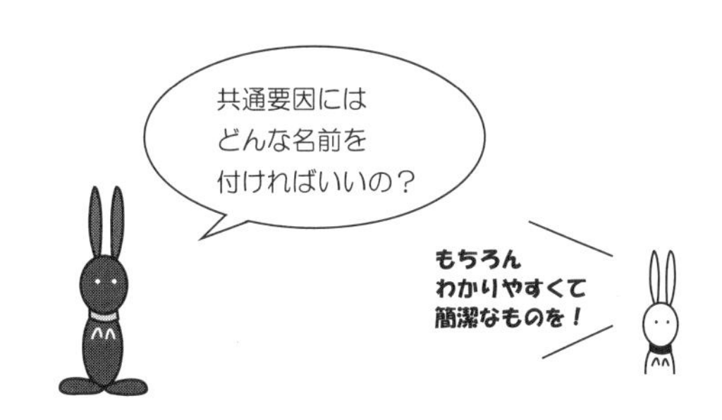

Section 9.2 因子分析をしてみよう

因子分析には

- 主因子法
- 最尤法（さいゆうほう）

の２通りがあります．

ここでは，最尤法を使った因子分析をしてみましょう．

手順 1　データは，次のようになっています．

	ID	年齢	家族構成	アレルギー	ダンゴムシ	ストレス	ウツ	種類	大きさ	外見	鳴き声	性格	寿命	世話	価格
1	1	29	1	2	2	2	2	4	4	1	4	2	1	1	1
2	2	29	4	2	1	1	2	1	1	3	1	3	3	3	3
3	3	29	1	1	2	2	2	3	4	3	3	3	1	1	2
4	4	37	3	2	1	1	1	1	1	4	1	4	3	4	4
5	5	31	1	1	1	1	1	1	1	4	1	4	2	3	4
6	6	33	3	2	2	1	1	2	1	4	2	4	2	3	3
7	7	30	4	2	2	2	2	2	3	4	2	4	1	3	2
8	8	35	1	2	2	2	1	3	2	4	2	4	3	4	3
9	9	34	2	1	2	1	1	1	1	4	1	4	2	4	4
10	10	35	1	1	2	1	2	3	3	3	4	3	1	4	3
11	11	31	1	1	1	1	1	1	1	4	2	4	3	3	4
12	12	30	1	2	2	2	1	3	3	2	3	3	1	3	2
13	13	39	1	2	2	2	2	4	4	1	4	2	1	1	1
14	14	28	1	1	2	1	1	1	1	3	2	3	3	4	4
15	15	30	[illegible]	2	1	2	1	1	1	3	1	2	2	4	4
16	16	[illegible]	[illegible]	2	1	2	2	2	2	3	2	3	2	4	2
17	17	[illegible]	[illegible]	[illegible]	2	2	2	3	3	2	3	2	1	3	2
18	[illegible]	[illegible]	[illegible]	[illegible]	2	1	1	1	1	3	1	3	2	1	4
19	[illegible]	[illegible]	[illegible]	[illegible]	1	1	2	1	1	3	2	2	3	4	4
20	20	[illegible]	[illegible]	2	2	2	2	3	3	2	4	2	1	1	2
21	21	[illegible]	[illegible]	1	2	1	1	1	1	2	1	2	2	3	4
22	[illegible]	23	4	2	1	2	2	4	4	4	4	4	1	4	1
23	[illegible]	27	3	2	2	2	1	3	3	3	3	3	2	4	2
24	[illegible]	39	1	1	2	1	2	3	4	2	2	3	3	4	4
25	[illegible]	37	3	1	1	2	2	1	1	3	1	3	2	4	4

手順 2　分析(A) のメニューの中の 次元分解(D) を選択.

さらに，サブメニューの中から， 因子分析(F) を選びます.

手順 3　次の画面になったら，外見から価格までの 5 つの質問項目を，

変数(V) の中へ移動します.

手順 4　因子抽出(E) をクリックして 最尤法 を選びます．
因子の固定数(N) の 抽出する因子(T) の数を 2 にします．
そして，続行(C)．

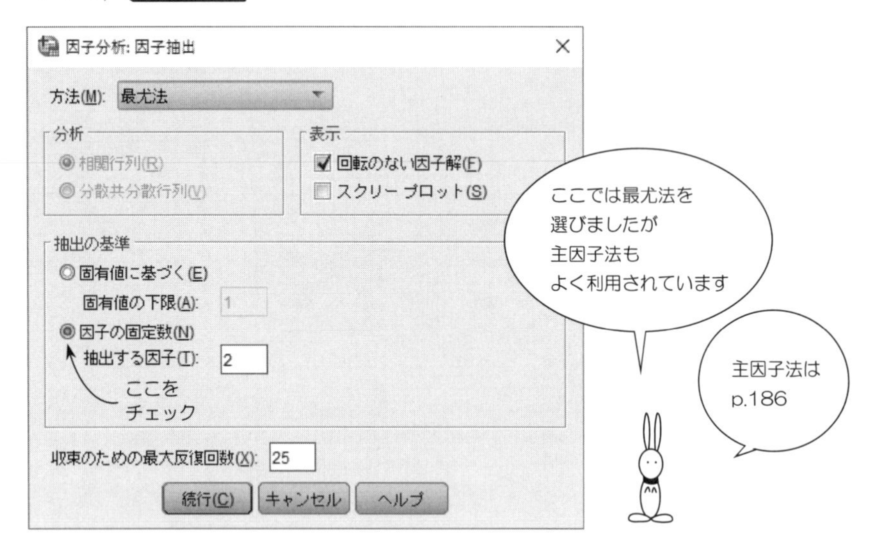

手順 5　手順 3 の画面にもどったら，回転(T) をクリックして
◯プロマックス(P)
を選択します．そして，続行(C)．

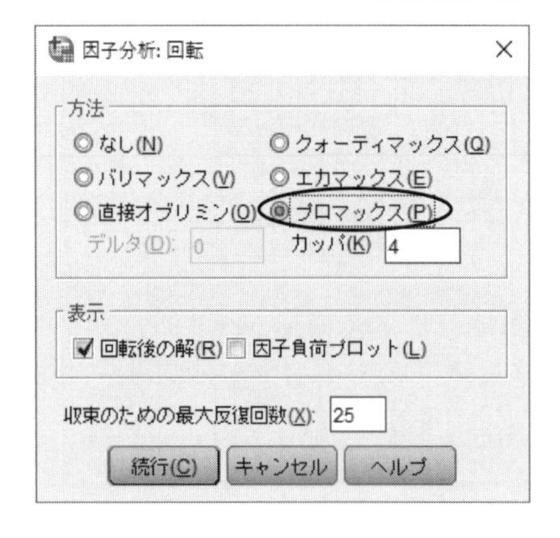

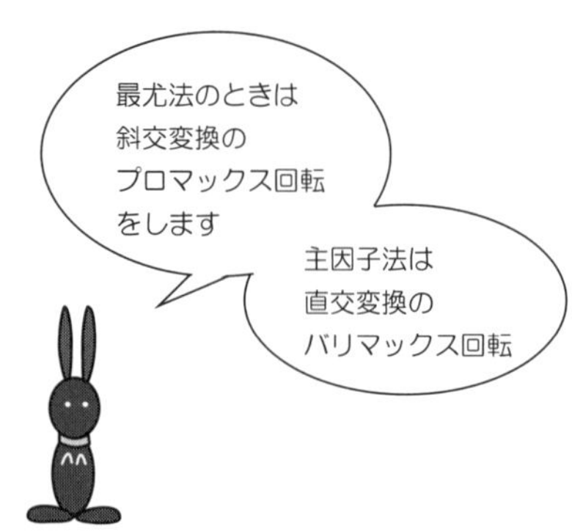

手順 6　手順 3 の画面にもどったら，［オプション(O)］をクリックして

□サイズによる並び替え(S)

をチェックして，［続行(C)］.

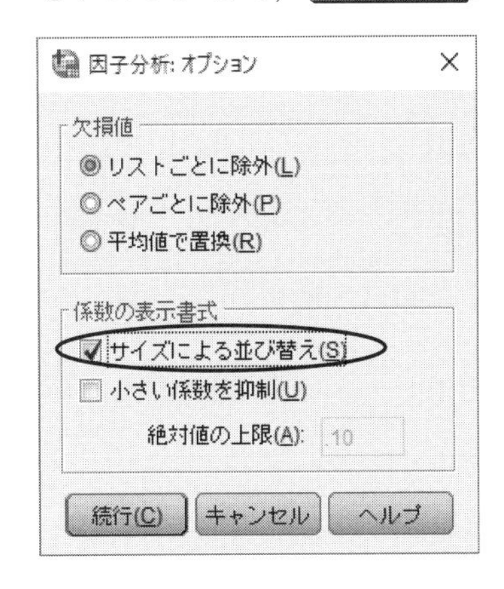

手順 7　手順 3 の画面にもどったら，［記述統計(D)］をクリックして

□KMO と Bartlett の球面性検定(K)

をチェックして，［続行(C)］.

手順 3 の画面にもどったら，［OK］ボタンをクリック.

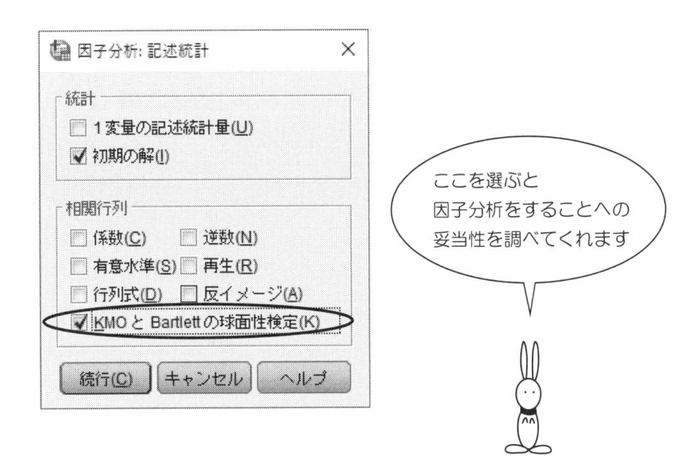

【SPSSによる出力】

因子分析は，次のような結果になりました.

KMO および Bartlett の検定

Kaiser-Meyer-Olkin の標本妥当性の測度		.709
Bartlett の球面性検定	近似カイ 2 乗	132.824
	自由度	10
	有意確率	.000

パターン行列[a]

	因子	
	1	2
性格	.995	-.191
外見	.658	.258
価格	.407	.286
世話	-.035	.749
寿命	-.016	.448

因子抽出法: 最尤法
回転法: Kaiser の正規化を伴うプロマックス法

a. 3 回の反復で回転が収束しました。

【出力結果の読み取り方】

カイザー・マイヤー・オルキンの妥当性の値が 0.5 未満のときは

“因子分析をおこなうことへの妥当性がない”

と考えられています.

このデータの場合 0.709 なので，因子分析をおこなうことに妥当性があります.

バートレットの球面性検定の仮説は

仮説 H_0：相関行列は単位行列である

です.

有意確率 0.000 ≦有意水準 0.05

なので，仮説 H_0 は棄却されます.

つまり，質問項目間に相関があるので，共通要因を考えることに意味があります.

共通性は，その質問項目が持っている情報量のことです.

パターン行列は，プロマックス回転後の因子負荷（量）です.

この値の大小や，プラス・マイナスを見ながら，

“共通な要因は何か？”

と考えながら名前を付けます.

因子負荷（量）の大きい項目は，次のようになっています.

第１因子 …… {【性格】【外見】【価格】}

第２因子 …… {【世話】【寿命】}

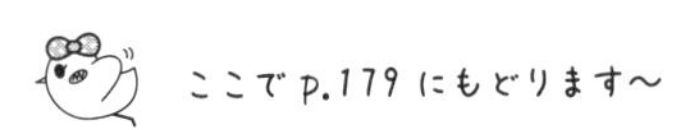

演　習

9

【9.1】　主因子法を使って，第１因子，第２因子を求めてください．
質問項目は，次の５つとします．

【外見】【性格】【寿命】【世話】【価格】

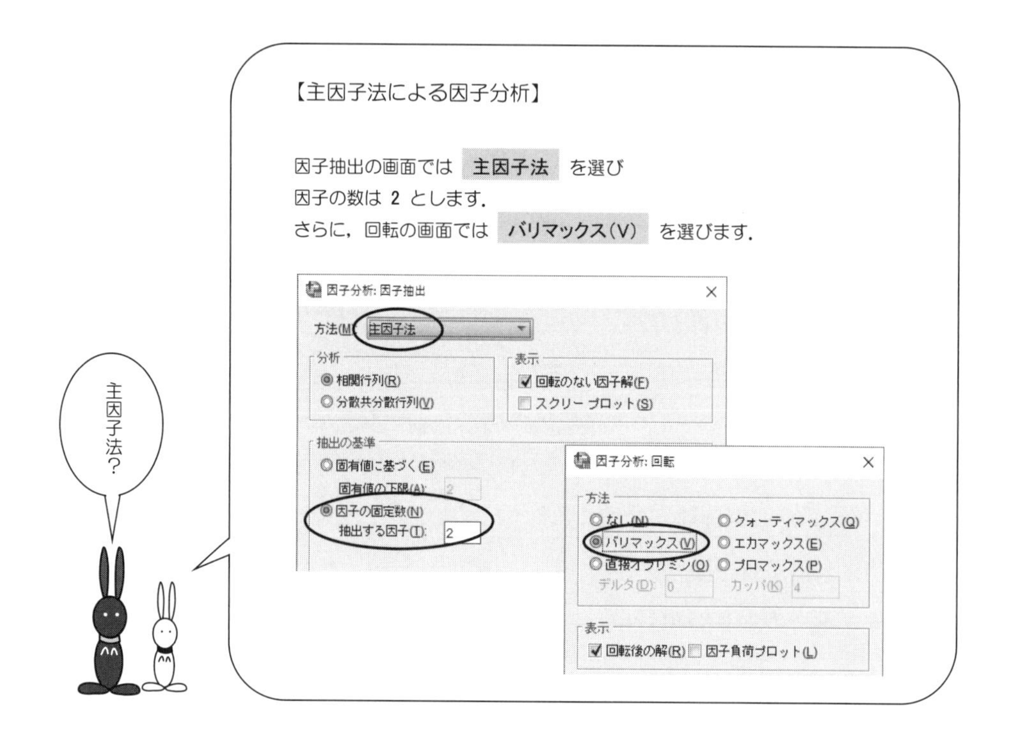

解答

【9.1】

KMO および Bartlett の検定

Kaiser-Meyer-Olkin の標本妥当性の測度		.709
Bartlett の球面性検定	近似カイ 2 乗	132.824
	自由度	10
	有意確率	.000

共通性

	初期	因子抽出後
外見	.570	.699
性格	.491	.774
寿命	.141	.240
世話	.273	.442
価格	.326	.399

因子抽出法: 主因子法

回転後の因子行列[a]

	因子	
	1	2
性格	.873	.113
外見	.725	.417
価格	.469	.423
世話	.217	.629
寿命	.104	.479

因子抽出法: 主因子法
回転法: Kaiser の正規化を伴うバリマックス法

a. 3 回の反復で回転が収束しました。

10章 クラスター分析でデータを分類してみよう

Section 10.1 アンケート調査で知りたいことは，なに？

知りたいことは……

その 1. 次の 6 つの質問項目を用いて
調査回答者をいくつかのグループに分類したいのですが……

その 2. 次の 6 つの質問項目について
項目間の類似性をみたいのですが……

ペットの選択において，次の項目をどの程度重視しますか？

		重視しない	あまり重視しない	やや重視する	重視する	
項目 2.1	ペットの種類	1	2	3	4	【種類】
項目 2.2	ペットの大きさ	1	2	3	4	【大きさ】
項目 2.3	ペットの外見	1	2	3	4	【外見】
項目 2.4	ペットの鳴き声	1	2	3	4	【鳴き声】
項目 2.5	ペットの性格	1	2	3	4	【性格】
項目 2.6	ペットの寿命	1	2	3	4	【寿命】

このようなときは……

このようなときはクラスター分析をしてみよう.

クラスター分析の使い方としては，次のような方法があります.

方法 1 6つの質問項目を変数としてクラスター分析をすると
100人の調査回答者を似たもの同士のグループに分類できます.

☞ Section 10.2

方法 2 100人の調査回答者を変数と思ってクラスター分析をすると
6つの質問項目を共通点のあるいくつかのグループに分類できます.

☞ Section 10.3

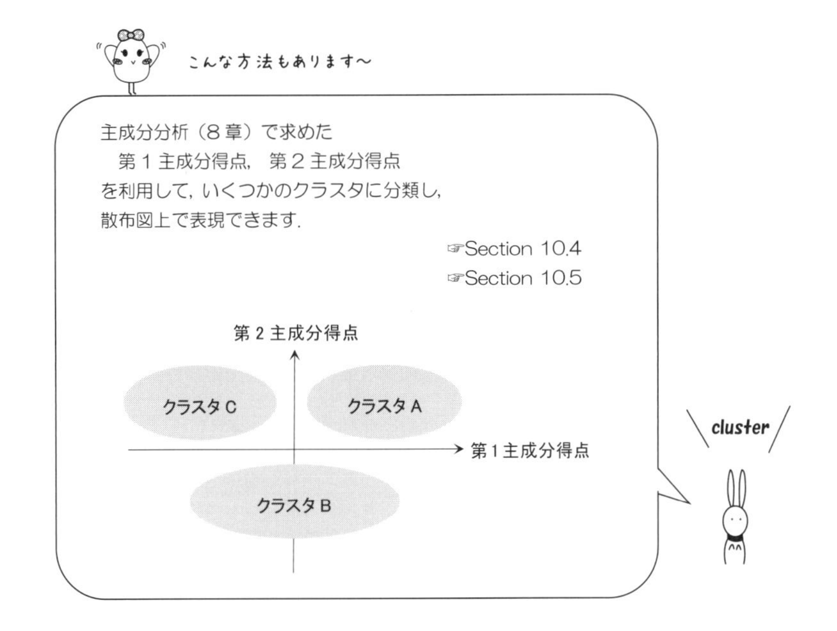

Section 10.2 質問項目を変数として，クラスター分析

6つの質問項目

【種類】【大きさ】【外見】

【鳴き声】【性格】【寿命】

を変数として，クラスター分析をしてみよう.

すると……

“100人の調査回答者を似たもの同士のグループに分類”

できます.

●—— 質問項目を変数とする場合

手順 1 データファイルは，次のようになっています.

	ID	年齢	家族構成	アレルギー	ダンゴムシ	ストレス	ウツ	種類	大きさ	外見	鳴き声	性格	寿命	世話	価格
1	1	29	1	2	2	2	2	4	4	1	4	2	1	1	1
2	2	29	4	2	1	1	2	1	1	3	1	3	3	3	3
3	3	29	1	1	2	2	2	3	4	3	3	3	1	1	2
4	4	37	3	2	1	1	1	1	1	4	1	4	3	4	4
5	5	31	1	1	1	1	1	1	1	4	1	4	2	3	4
6	6	33	3	2	2	1	1	2	1	4	2	4	2	3	3
7	7	30	4	2	2	2	2	2	3	4	2	4	1	3	2
8	8	35	1	2	2	2	1	3	2	4	2	4	3	4	3
9	9	34	2	1	2	1	1	1	1	4	1	4	2	4	4
10	10	35	1	1	2	1	2	3	3	3	4	3	1	4	3
11	11	31	1	1	1	1	1	1	1	4	2	4	3	3	4
12	12	30	1	2	2	2	1	3	3	2	3	3	1	3	2
13	13	39	1	2	2	2	2	4	4	1	4	2	1	1	1
14	14	28	1	1	2	1	1	1	1	3	2	3	3	4	4
15	15	30	3	2	1	2	1	1	1	3	1	2	2	4	4
16	16	36	1	2	1	2	2	2	2	3	2	3	2	4	2
17	17	38	4	2	2	2	2	3	3	2	3	2	1	3	2
18	18	33	1	2	2	1	1	1	1	3	1	3	2	1	4
19	19	30	4	2	1	1	2	1	1	3	2	2	3	4	4
20	20	34	1	2	2	2	2	3	3	2	4	2	1	1	2
21	21	29	4	1	2	1	1	1	1	2	1	2	2	3	4
22	22	23	4	2	1	2	2	4	4	4	4	4	1	4	1
23	23	27	3	2	2	2	1	3	3	3	3	3	2	4	2
24	24	39	1	1	2	1	2	3	4	2	2	3	3	4	4
25	25	37	3	1	1	2	2	1	1	3	1	3	2	4	4

手順 2　分析(A) をクリックすると，次のメニューが現れるので，

分類(F) ⇨ 大規模ファイルのクラスタ(K) を選択します．

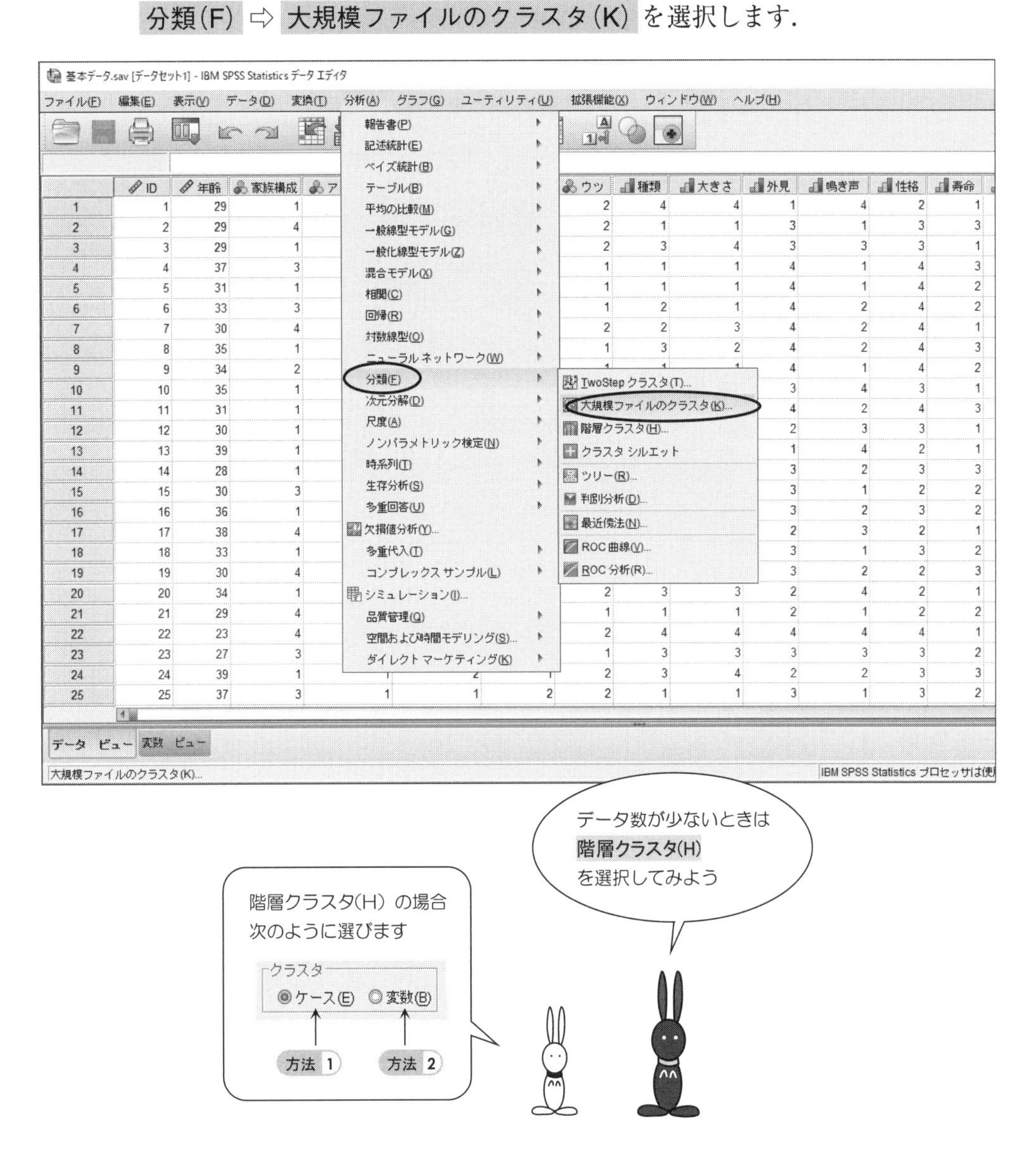

手順 3 次の画面になったら，p.190 の 6 つの質問項目を 変数(V) のワクへ移動.

次に， クラスタの個数(U) を [4] とします.

方法 のところは ◉反復と分類(T) のままにしておきます.

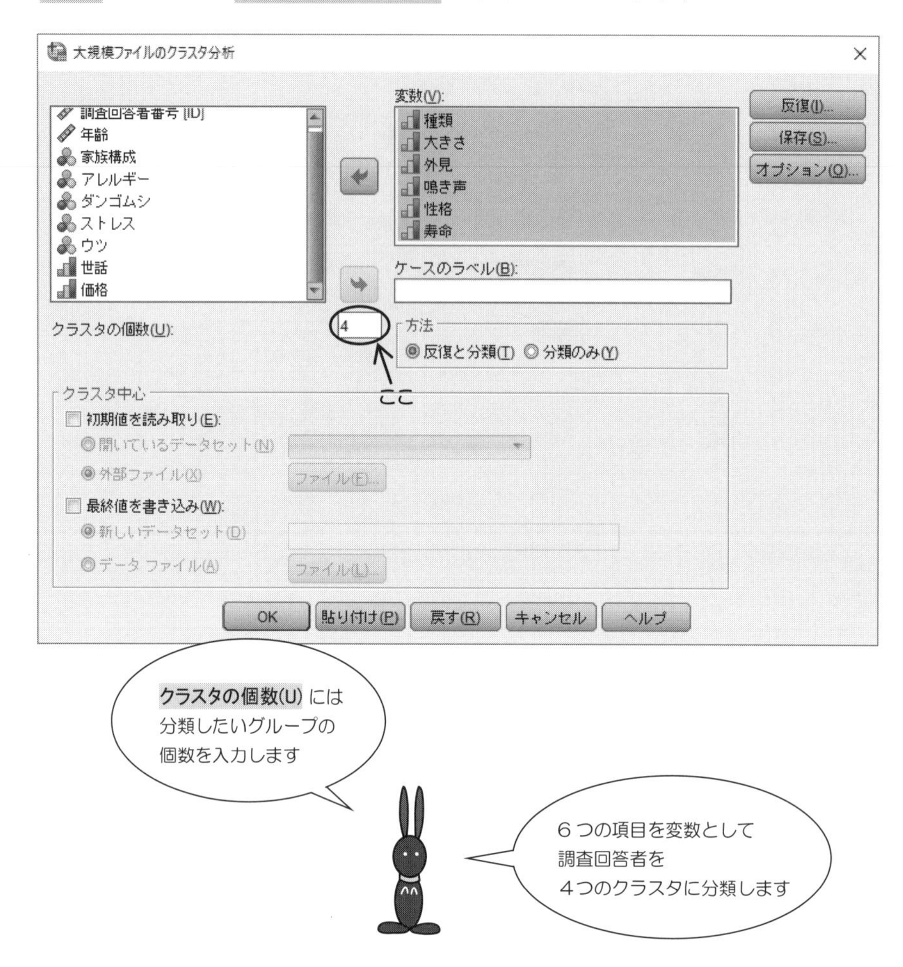

手順 4　保存(S) をクリックして，次の画面になったら

□所属クラスタ(C)

をチェック．そして， 続行(C) ．

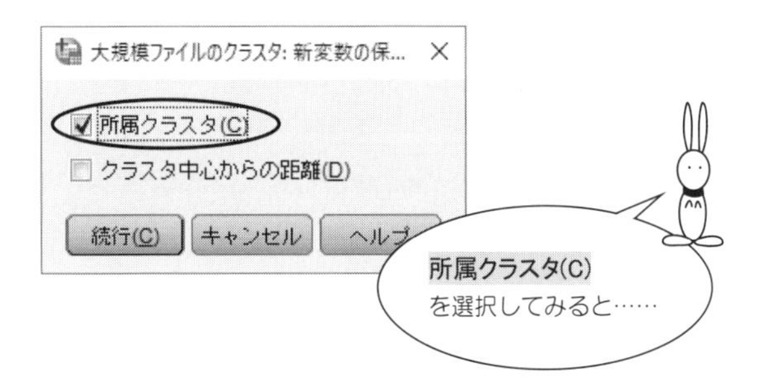

手順 5　次の画面にもどったら，あとは， OK ボタンをクリック！

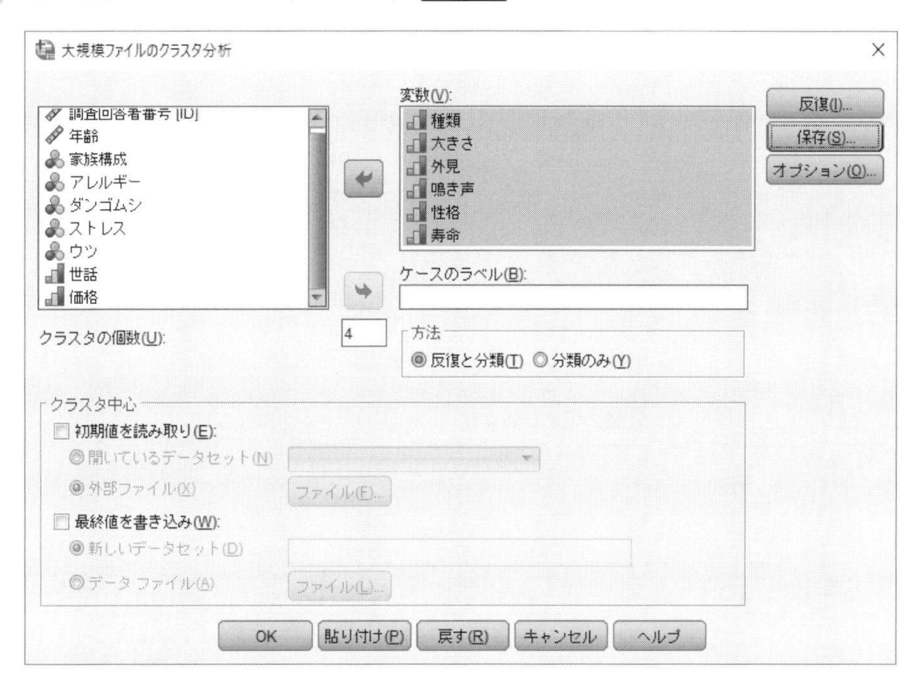

【SPSS による出力・その 1】

大規模ファイルのクラスタ分析

初期クラスタ中心

	クラスタ 1	2	3	4
種類	3	1	4	4
大きさ	4	1	4	2
外見	1	4	4	1
鳴き声	4	1	4	2
性格	1	4	4	4
寿命	1	1	1	4

反復の記述[a]

反復	クラスタ中心での変化 1	2	3	4
1	1.533	1.731	1.740	1.969
2	.340	.039	.203	.460
3	.275	.105	.000	.364
4	.220	.109	.000	.326
5	.000	.101	.237	.254
6	.000	.073	.000	.118
7	.000	.050	.000	.086
8	.000	.000	.000	.000

最終クラスタ中心

	クラスタ 1	2	3	4
種類	4	1	3	2
大きさ	4	1	3	2
外見	1	3	3	2
鳴き声	4	1	3	2
性格	2	3	3	3
寿命	1	2	1	3

【SPSS による出力・その 2】

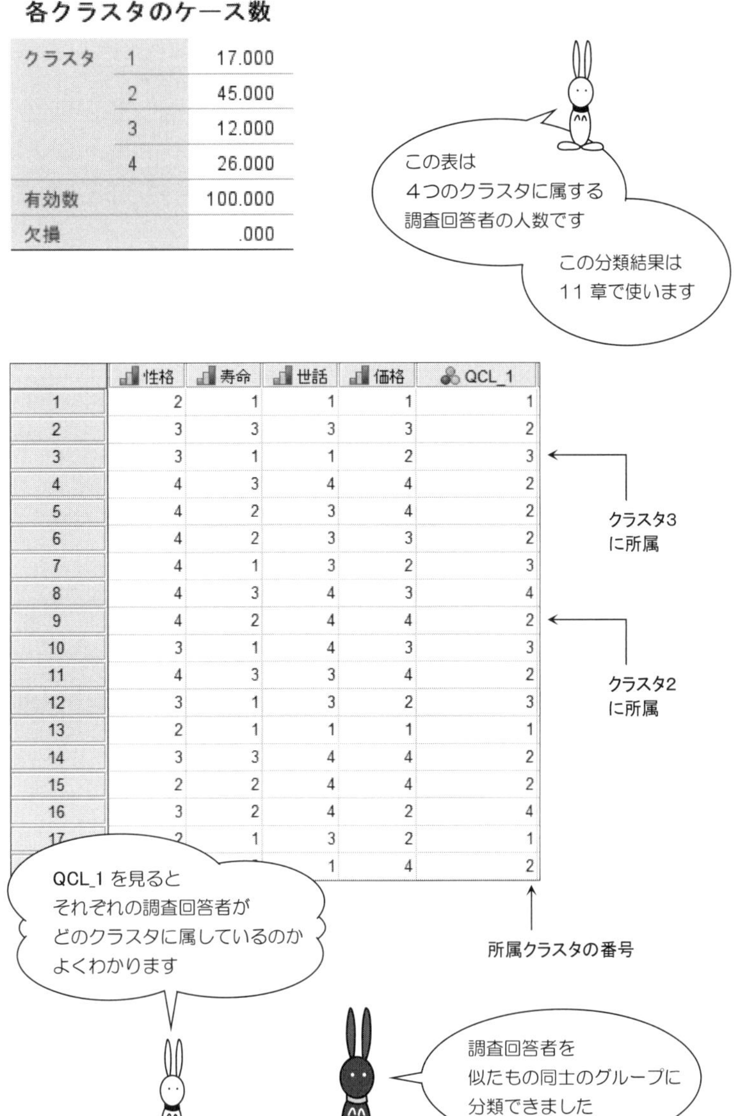

各クラスタのケース数

クラスタ	1	17.000
	2	45.000
	3	12.000
	4	26.000
有効数		100.000
欠損		.000

	性格	寿命	世話	価格	QCL_1
1	2	1	1	1	1
2	3	3	3	3	2
3	3	1	1	2	3
4	4	3	4	4	2
5	4	2	3	4	2
6	4	2	3	3	2
7	4	1	3	2	3
8	4	3	4	3	4
9	4	2	4	4	2
10	3	1	4	3	3
11	4	3	3	4	2
12	3	1	3	2	3
13	2	1	1	1	1
14	3	3	4	4	2
15	2	2	4	4	2
16	3	2	4	2	4
17	2	1	3	2	1
[illegible]	[illegible]	[illegible]	1	4	2

Section 10.3 調査回答者を変数として，クラスター分析

100 人の調査回答者を変数としてクラスター分析をしてみよう.

すると……

“6 つの質問項目をいくつかのグループに分類”

することができます.

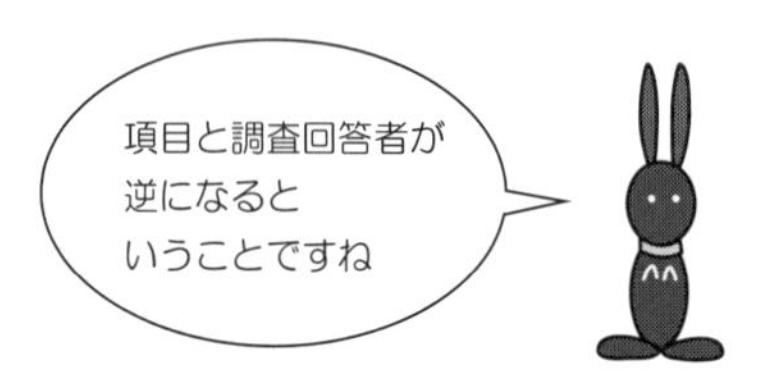

●── 調査回答者を変数とする場合

手順 1 データを用意したら， 分析(A) をクリックして，

分類(F) ⇨ 階層クラスタ(H) を選択.

手順 2　次のように，6つの質問項目を 変数(V) のワクに移動します．

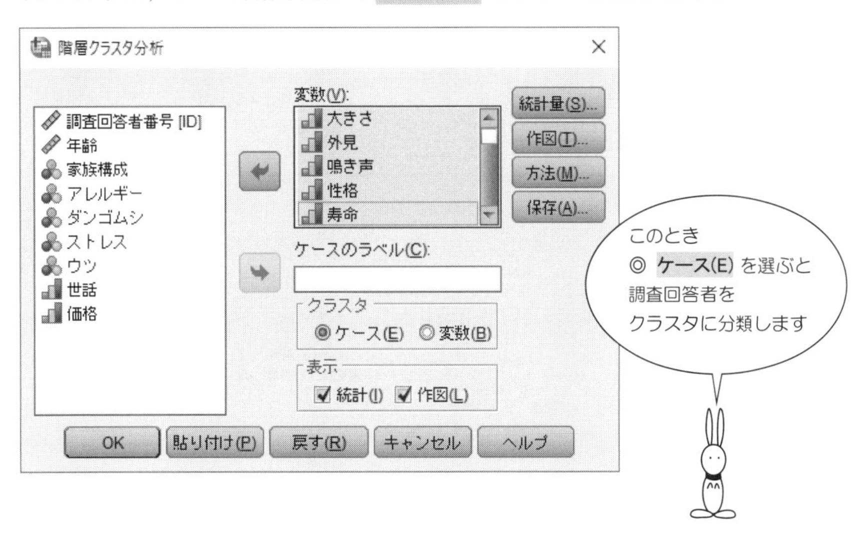

手順 3　ここで， クラスタ は

○変数(B)

を選択します．

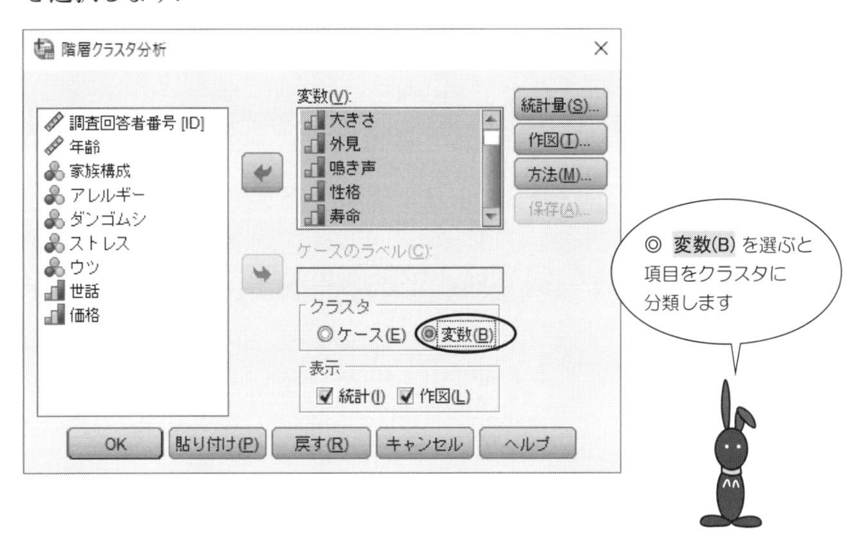

手順 4 作図(T) をクリックして，□デンドログラム(D) をチェック．
つららプロット のところでは ◯なし(N) を選びます．
そして， 続行 ．

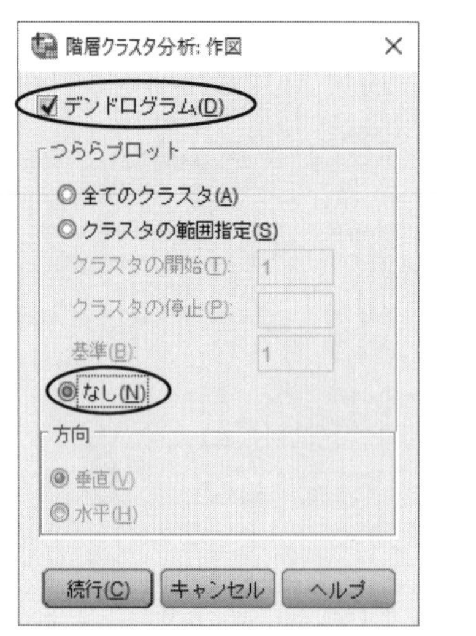

手順 5 次の画面にもどったら，あとは， OK ボタンをクリック！

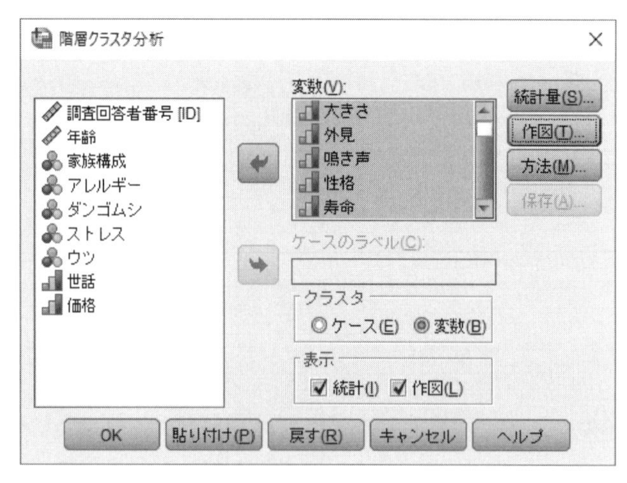

【SPSS による出力と結果の読み取り方】―― デンドログラム ――

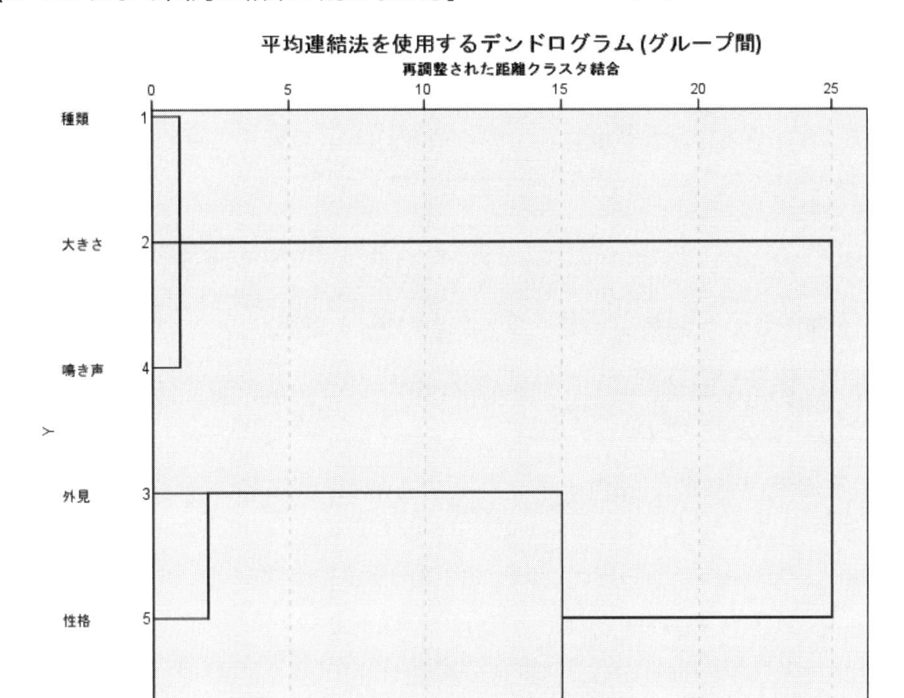

このデンドログラムを見ると，次の 3 つの質問項目

{ 【種類】 【大きさ】 【鳴き声】 }

に類似性があることがわかります．

次の 2 つの質問項目

{ 【外見】 【性格】 }

にも類似性があります．

Section 10.4 主成分得点を変数として，クラスター分析

8 章で求めた主成分得点を利用して，100 人の調査回答者を 4 つのグループに分類してみよう．

手順 1 データを用意したら， 分析(A) をクリックして，
分類(F) ⇨ 大規模ファイルのクラスタ(K) を選択．

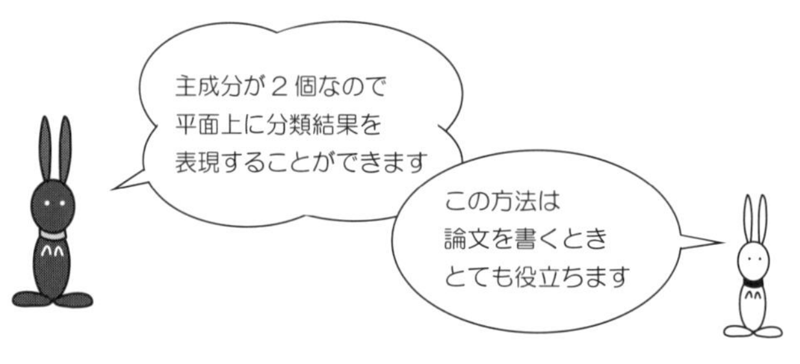

手順 2　次の画面になったら

FAC 1_1（＝第 1 主成分得点）

FAC 2_1（＝第 2 主成分得点）

を，それぞれ 変数(V) のワクの中へ移動．

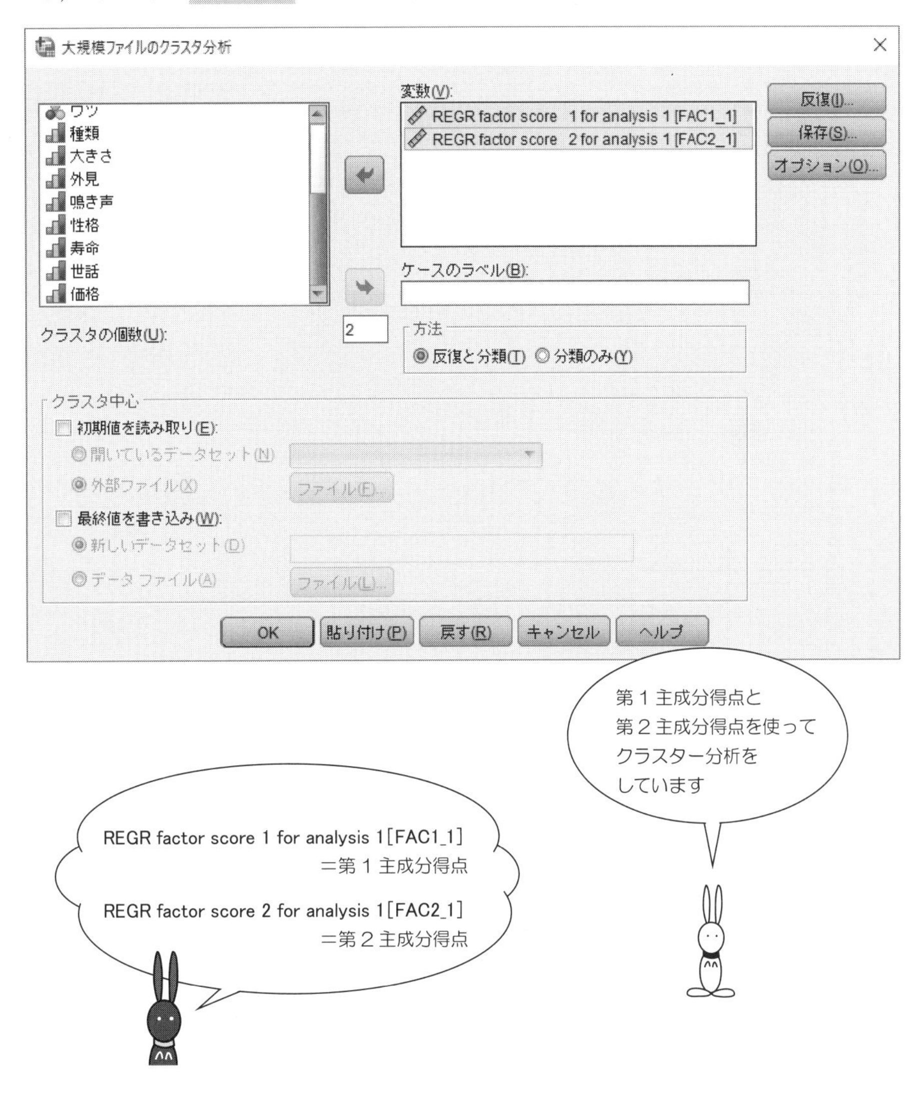

手順 3　クラスタの個数(U) は，4 にします．

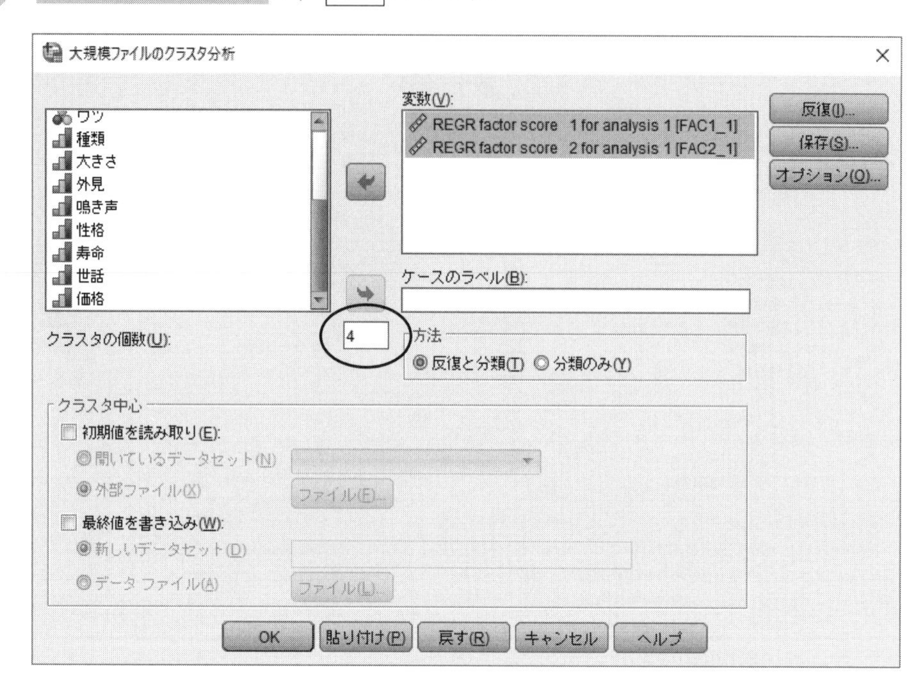

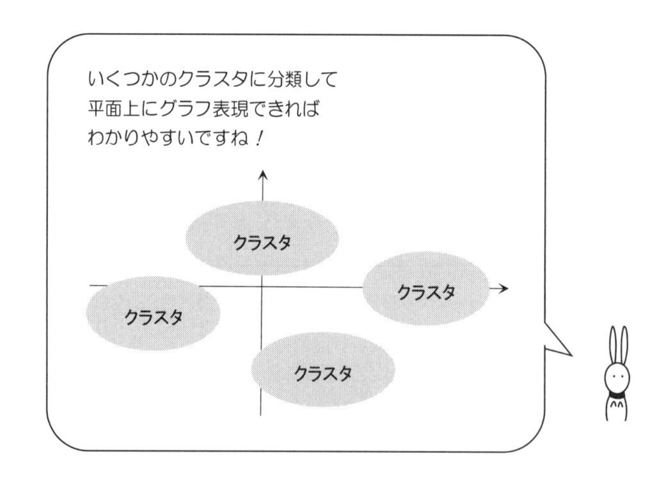

手順 4　保存(S) をクリックして，次の画面になったら

□所属クラスタ(C)

をチェック．そして，続行(C)．

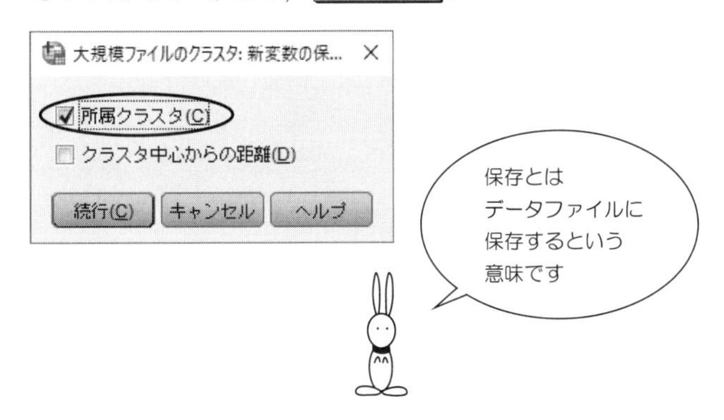

手順 5　次の画面にもどったら，OK ボタンをクリック！

【SPSS による出力・その 1】

大規模ファイルのクラスタ分析

初期クラスタ中心

	クラスタ			
	1	2	3	4
REGR factor score 1 for analysis 1	-2.07887	.08978	-.83493	.97362
REGR factor score 2 for analysis 1	.56913	1.92135	-1.79373	-.14689

最終クラスタ中心

	クラスタ			
	1	2	3	4
REGR factor score 1 for analysis 1	-1.48165	-.17528	.05435	.70402
REGR factor score 2 for analysis 1	-.21662	1.30783	-1.75834	.01667

各クラスタのケース数

クラスタ	1	21.000
	2	19.000
	3	12.000
	4	48.000
有効数		100.000
欠損		.000

【SPSS による出力・その 2】

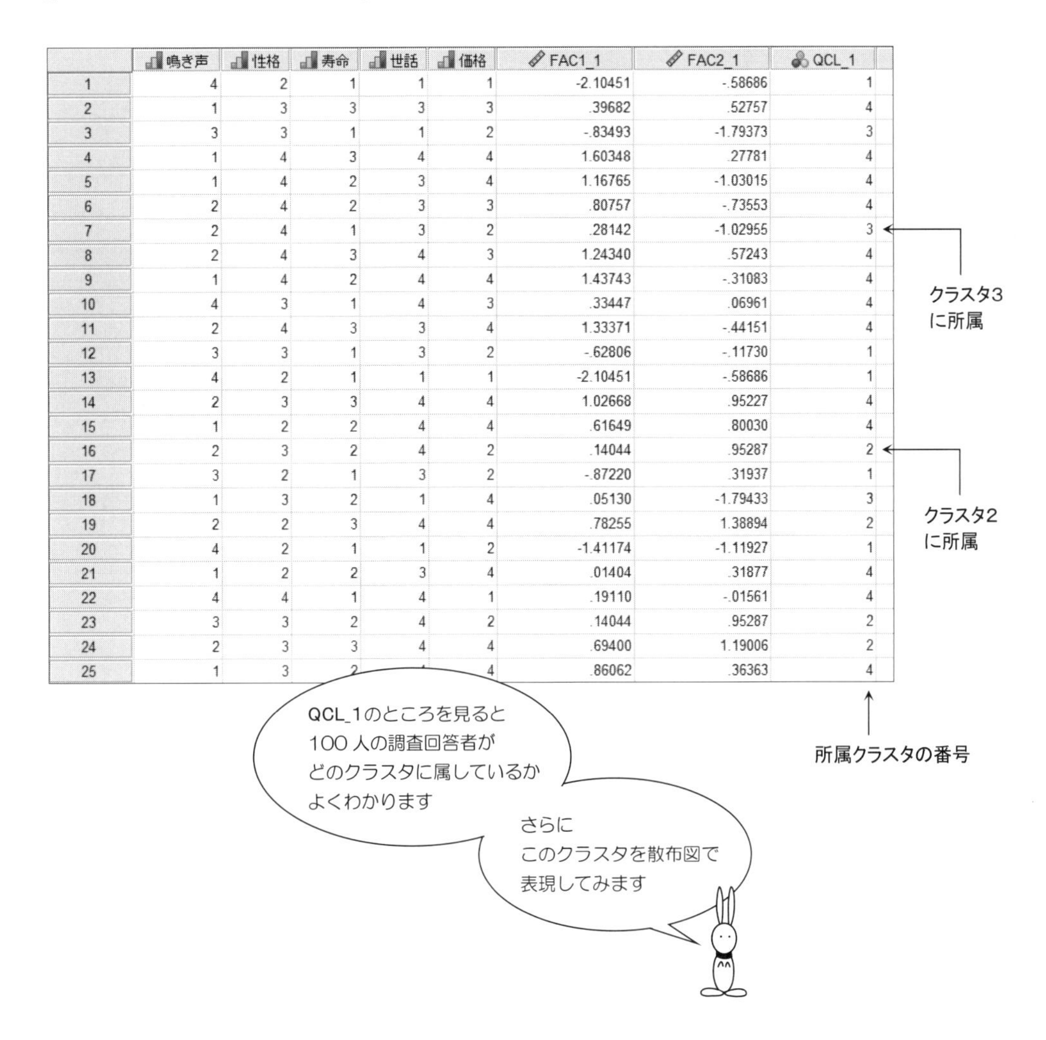

	鳴き声	性格	寿命	世話	価格	FAC1_1	FAC2_1	QCL_1
1	4	2	1	1	1	-2.10451	-.58686	1
2	1	3	3	3	3	.39682	.52757	4
3	3	3	1	1	2	-.83493	-1.79373	3
4	1	4	3	4	4	1.60348	.27781	4
5	1	4	2	3	4	1.16765	-1.03015	4
6	2	4	2	3	3	.80757	-.73553	4
7	2	4	1	3	2	.28142	-1.02955	3
8	2	4	3	4	3	1.24340	.57243	4
9	1	4	2	4	4	1.43743	-.31083	4
10	4	3	1	4	3	.33447	.06961	4
11	2	4	3	3	4	1.33371	-.44151	4
12	3	3	1	3	2	-.62806	-.11730	1
13	4	2	1	1	1	-2.10451	-.58686	1
14	2	3	3	4	4	1.02668	.95227	4
15	1	2	2	4	4	.61649	.80030	4
16	2	3	2	4	2	.14044	.95287	2
17	3	2	1	3	2	-.87220	.31937	1
18	1	3	2	1	4	.05130	-1.79433	3
19	2	2	3	4	4	.78255	1.38894	2
20	4	2	1	1	2	-1.41174	-1.11927	1
21	1	2	2	3	4	.01404	.31877	4
22	4	4	1	4	1	.19110	-.01561	4
23	3	3	2	4	2	.14044	.95287	2
24	2	3	3	4	4	.69400	1.19006	2
25	1	3	[illegible]	[illegible]	4	.86062	.36363	4

11 章で使う 4 つのグループの分類結果は
p.195 の出力を使用してください

Section 10.5 4つのクラスタのグラフ表現 !!

Section 10.4 で求めた 4 つのクラスタを，次の散布図の上に表してみると ?!

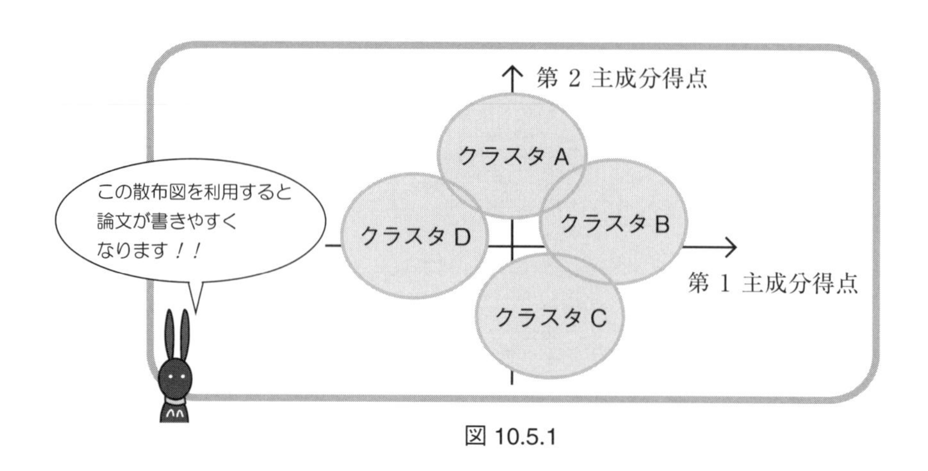

図 10.5.1

手順 1 データファイルを用意して……

	外見	鳴き声	性格	寿命	世話	価格	FAC1_1	FAC2_1	QCL_1
1	1	4	2	1	1	1	-2.10451	-.58686	1
2	3	1	3	3	3	3	.39682	.52757	4
3	3	3	3	1	1	2	-.83493	-1.79373	3
4	4	1	4	3	4	4	1.60348	.27781	4
5	4	1	4	2	3	4	1.16765	-1.03015	4
6	4	2	4	2	3	3	.80757	-.73553	4
7	4	2	4	1	3	2	.28142	-1.02955	3
8	4	2	4	3	4	3	1.24340	.57243	4
9	4	1	4	2	4	4	1.43743	-.31083	4
10	3	4	3	1	4	3	.33447	.06961	4
11	4	2	4	3	3	4	1.33371	-.44151	4
12	2	3	3	1	3	2	-.62806	-.11730	1
13	1	4	2	1	1	1	-2.10451	-.58686	1
14	3	2	3	3	4	4	1.02668	.95227	4
15	3	1	2	2	4	4	.61649	.80030	4
16	3	2	3	2	4	2	.14044	.95287	2
17	2	3	2	1	3	2	-.87220	.31937	1

手順 2　グラフ(G) をクリックします.

レガシーダイアログ(L) の中から 散布図/ドット(S) を選択すると……

ファイル(F)　編集(E)　表示(V)　データ(D)　変換(T)　分析(A)　グラフ(G)　ユーティリティ(U)　拡張機能(X)　ウィンドウ(W)　ヘルプ(H)

図表ビルダー(C)...
グラフボード テンプレート選択(G)...
ワイブル プロット...
サブグループの比較
回帰変数プロット
レガシー ダイアログ(L)

棒(B)...
3-D 棒(3)...
折れ線(L)...
面(A)...
円(E)...
ハイ ロー(H)...
箱ひげ図(X)...
エラー バー(O)...
人口ピラミッド(Y)...
散布図/ドット(S)...
ヒストグラム(I)...

50 :

	種類	大きさ	外見	鳴き声					FAC1_1	FAC2_1
1	4	4	1	4					-2.10451	-.58686
2	1	1	3	1					.39682	.52757
3	3	4	3	3						373
4	1	1	4	1	4	3	4	4		781
5	1	1	4	1	4	2	3	4		015
6	2	1	4	2	4	2	3	3		553
7	2	3	4	2	4	1	3	2		955
8	3	2	4	2	4	3	4	3		243
9	1	1	4	1	4	2	4	4		083
10	3	3	3	4	3	1	4	3		961
11	1	1	4	2	4	3	3	4		151
12	3	3	2	3	3	1	3	2		730
13	4	4	1	4	2	1	1	1		686
14	1	1	3	2	3	3	4	4		227
15	1	1	3	1	2	2	4	4		
16	2	2	3	2	3	2	4	2	.14044	.95287

手順 3　次のようになりますから, 単純な散布 を選んで, 定義 をクリック.

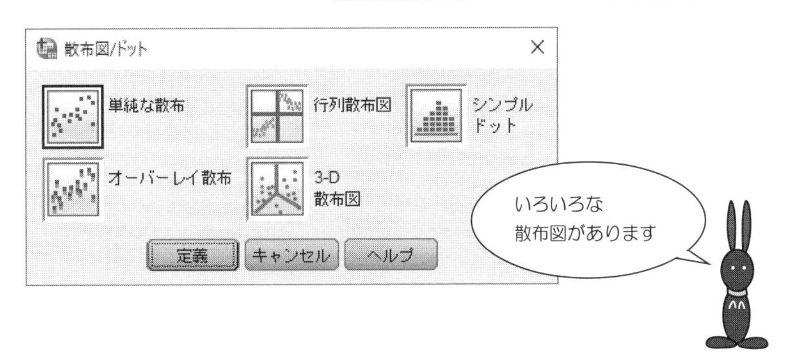

手順 4 次の画面になったら

Y 軸(Y) には FAC2_1（第 2 主成分得点）

X 軸(X) には FAC1_1（第 1 主成分得点）

マーカーの設定(S) には ケースのクラスタ数[QCL_1]

を移動して，あとは， OK ボタンをクリック！

【SPSS による出力・その 1】

次のような散布図ができます.

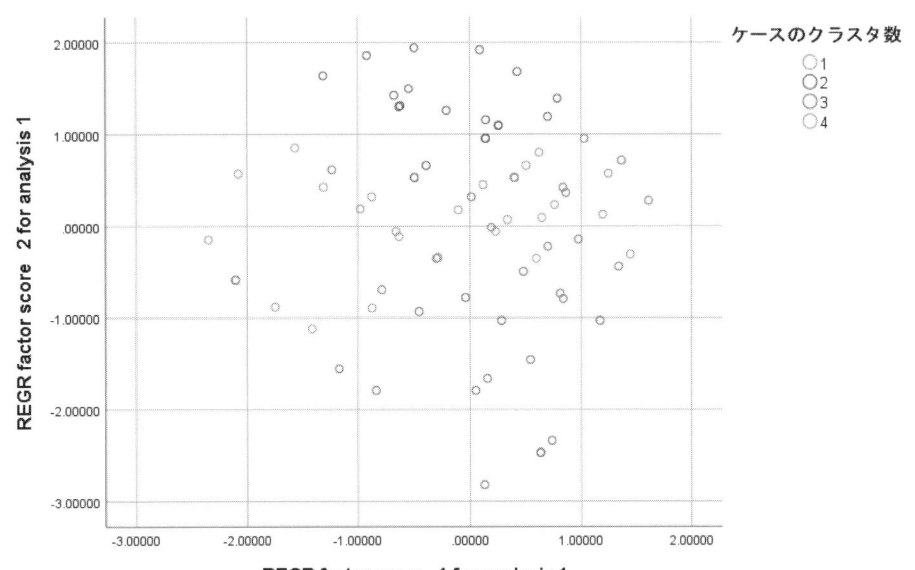

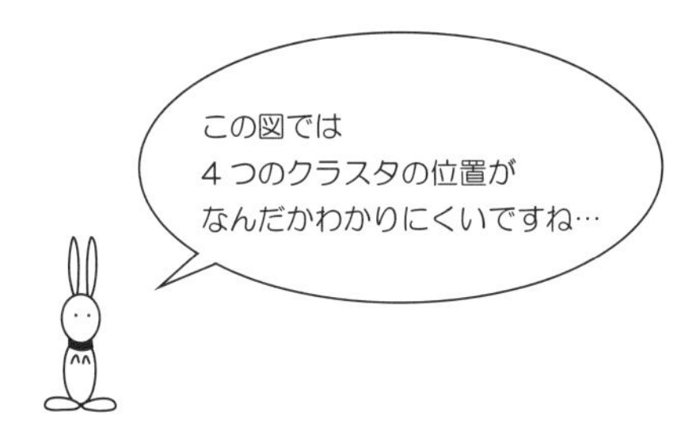

【SPSS による出力・その 2】

図表エディタを利用して，見やすい図になるよう工夫しましょう！

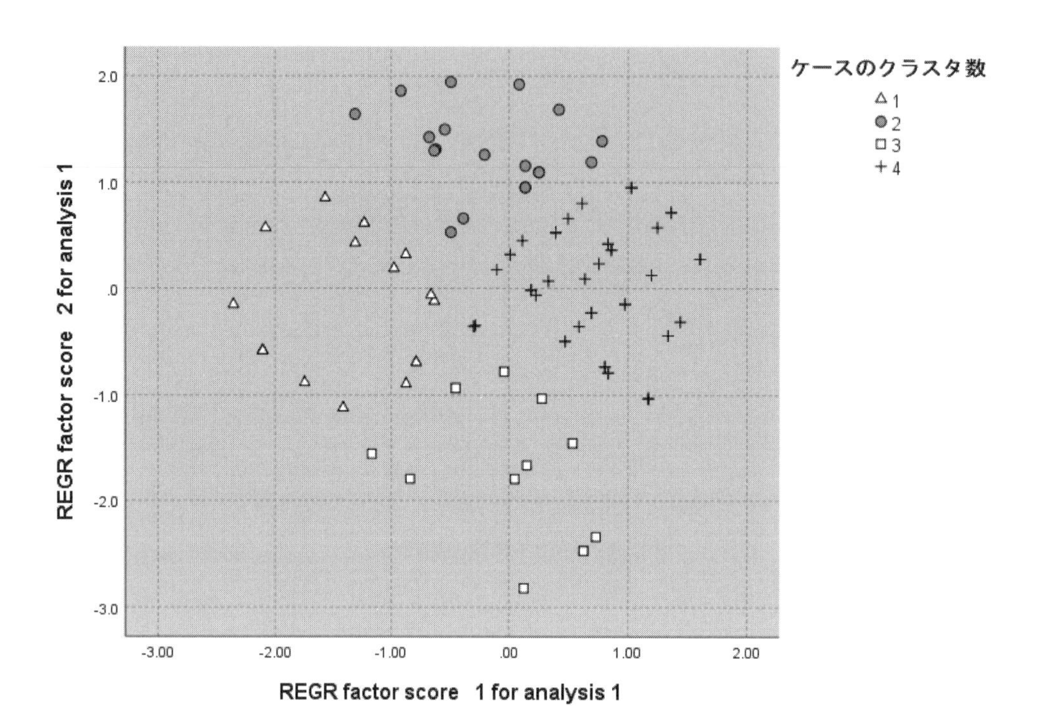

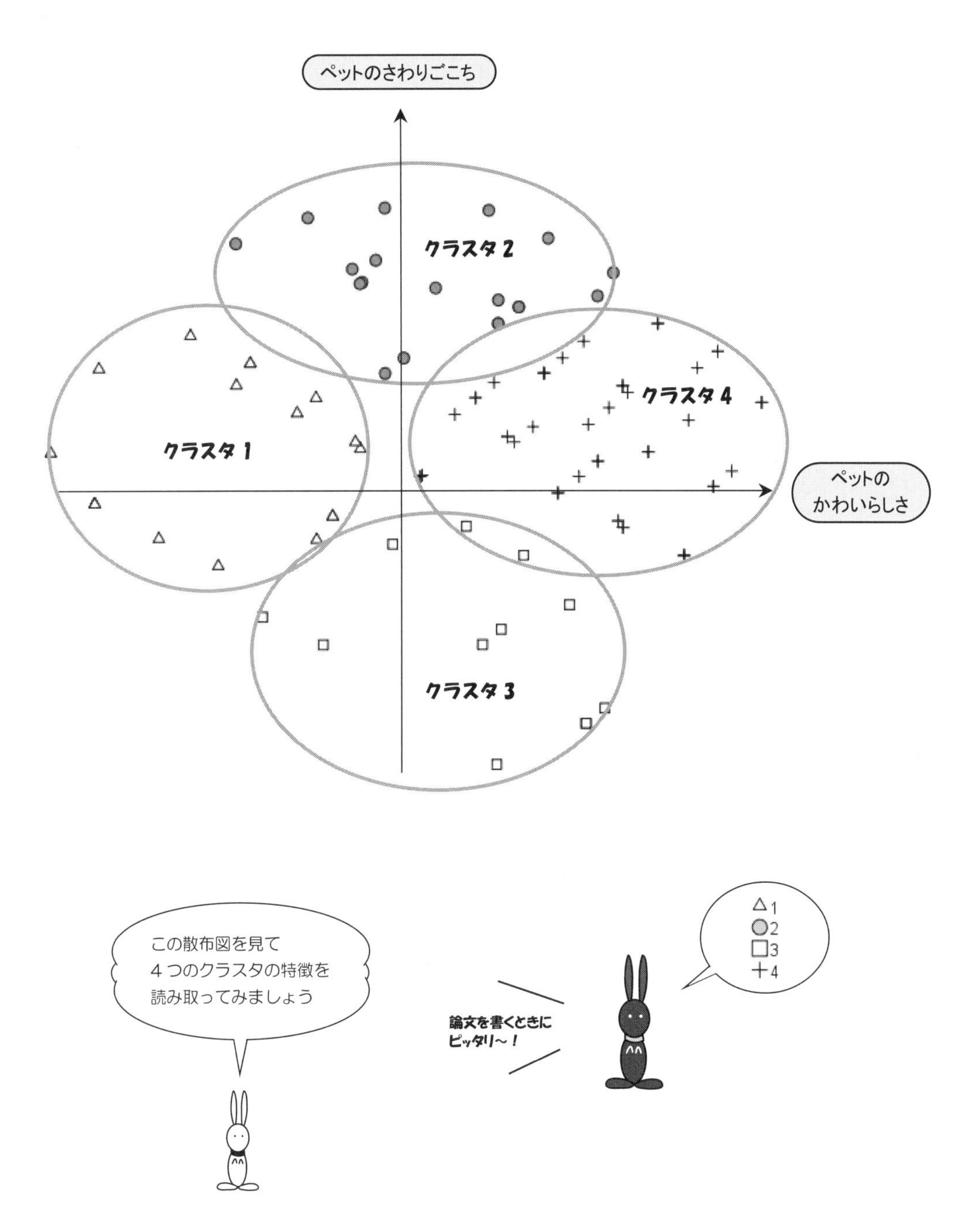
ペットのさわりごこち
クラスタ 2
クラスタ 1
クラスタ 4
クラスタ 3
ペットの
かわいらしさ
この散布図を見て
4 つのクラスタの特徴を
読み取ってみましょう
論文を書くときに
ピッタリ～！
△1
○2
□3
＋4

演　習

10

【10.1】　8 章の演習で相関行列による主成分得点を求めました.
　その第 1 主成分得点, 第 2 主成分得点を使って,
大規模ファイルのクラスター分析をしてください.
　クラスタの個数は 4 とします.

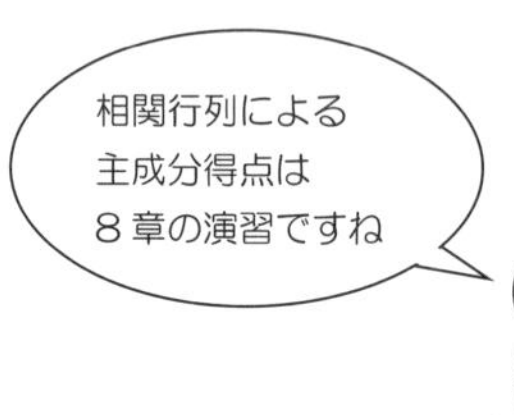

【10.2】　第 1 主成分得点を横軸, 第 2 主成分得点を縦軸として
散布図を描いてください.
　マーカーの設定には, ケースのクラスタ数を使います.

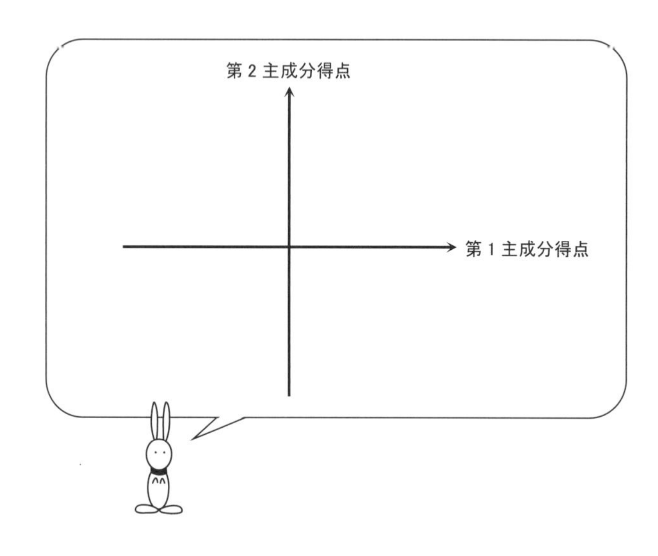

解答

【10.1】

初期クラスタ中心

	クラスタ 1	2	3	4
REGR factor score 1 for analysis 1	-2.15937	.33574	-1.10096	1.17834
REGR factor score 2 for analysis 1	.42911	1.72908	-1.39548	-.94104

最終クラスタ中心

	クラスタ 1	2	3	4
REGR factor score 1 for analysis 1	-1.69253	.20185	-.45711	.86533
REGR factor score 2 for analysis 1	-.08221	1.11795	-.82852	-.54784

各クラスタのケース数

クラスタ	1	17.000
	2	31.000
	3	17.000
	4	35.000
有効数		100.000
欠損		.000

【10.2】

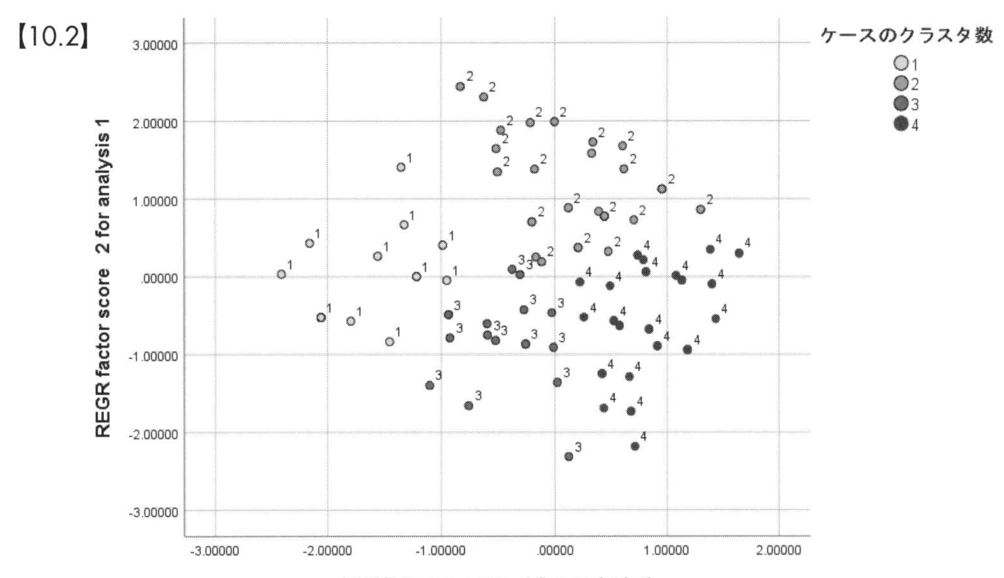

11章 判別分析で重要な項目を探してみよう

Section 11.1 アンケート調査で知りたいことは，なに？

10章ではクラスター分析を使って，100人の調査回答者を
4つのグループに分類しました．

☞ p.195の4つのグループ

知りたいことは……

その1. 4つのグループの分類に貢献したのは，
6つの項目のうち，どの項目なのでしょうか？

その2. 4つのグループにおける重要な項目はどれでしょう？

大切なのは
どの質問項目？

ペットの選択において，次の項目をどの程度重視しますか？

項目2.1	ペットの種類	1 ………	2 ………	3 ………	4	【種類】
項目2.2	ペットの大きさ	1 ………	2 ………	3 ………	4	【大きさ】
項目2.3	ペットの外見	1 ………	2 ………	3 ………	4	【外見】
項目2.4	ペットの鳴き声	1 ………	2 ………	3 ………	4	【鳴き声】
項目2.5	ペットの性格	1 ………	2 ………	3 ………	4	【性格】
項目2.6	ペットの寿命	1 ………	2 ………	3 ………	4	【寿命】
		重視しない	あまり重視しない	やや重視する	重視する	

このようなときは……

このようなときは，判別分析をしてみよう．
判別分析の使い方としては，次のような
方法があります．

4つのグループ
クラスタ1　1…17個
クラスタ2　2…45個
クラスタ3　3…12個
クラスタ4　4…26個

方法 1 判別分析をすると，

- グループの判別に影響力のある項目
- グループの判別に寄与している項目

を見つけることができます．

☞ Section 11.2

方法 2 それぞれのグループの平均値を見ながら，

- グループにおける重要な項目

を探すことができます．

☞ Section 11.3

方法 3 フィッシャーの分類関数の係数も，

- グループの重要な項目の発見

に役立つことがあります．

☞ Section 11.3

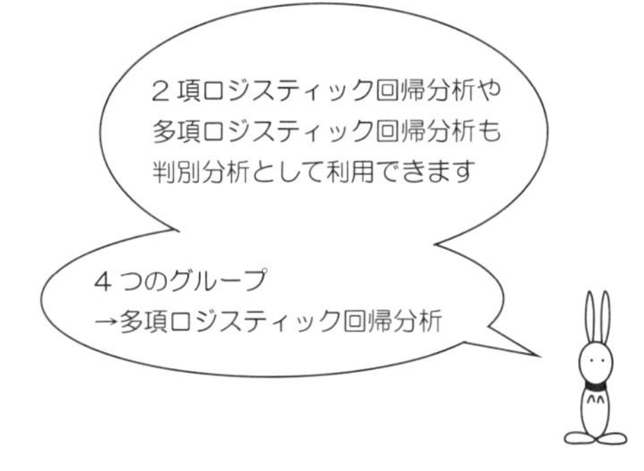

Section 11.2 判別分析をしてみよう

クラスター分析によって得られた4つのグループ（☞ p.190～p.195）に対して，判別分析をしてみよう．

手順 1　Section 10.2（☞ p.195）で出力されたデータを用意します．

	大きさ	外見	鳴き声	性格	寿命	世話	価格	QCL_1
1	4	1	4	2	1	1	1	1
2	1	3	1	3	3	3	3	2
3	4	3	3	3	1	1	2	3
4	1	4	1	4	3	4	4	2
5	1	4	1	4	2	3	4	2
6	1	4	2	4	2	3	3	2
7	3	4	2	4	1	3	2	3
8	2	4	2	4	3	4	3	4
9	1	4	1	4	2	4	4	2
10	3	3	4	3	1	4	3	3
11	1	4	2	4	3	3	4	2
12	3	2	3	3	1	3	2	3
13	4	1	4	2	1	1	1	1
14	1	3	2	3	3	4	4	2
15	1	3	1	2	2	4	4	2
16	2	3	2	3	2	4	2	4
17	3	2	3	2	1	3	2	1
18	1	3	1	3	2	1	4	2
19	1	3	2	2	3	4	4	2
20	3	2	4	2	1	1	2	1
21	1	2	1	2	2	3	4	2

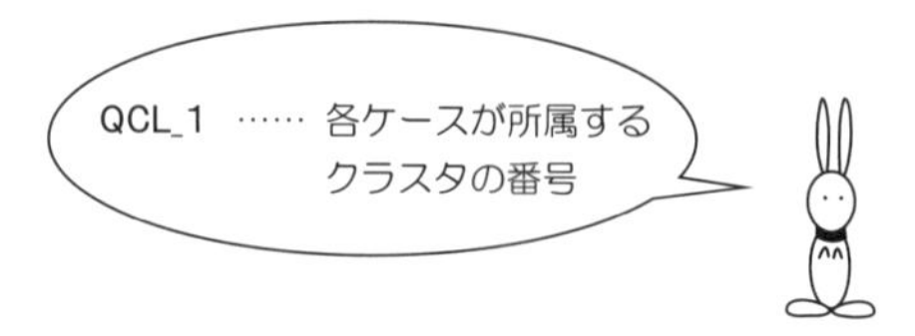

手順 2　分析(A) をクリックして，分類(F) ⇨ 判別分析(D) を選択．

手順 3　ケースのクラスタ数（QCL_1）を グループ化変数(G) の中へ移動すると，次のようになります．

手順 **4**　範囲の定義(D) をクリックして，次のように入力します．

最小(N)　に　1

最大(X)　に　4

そして，続行(C)．

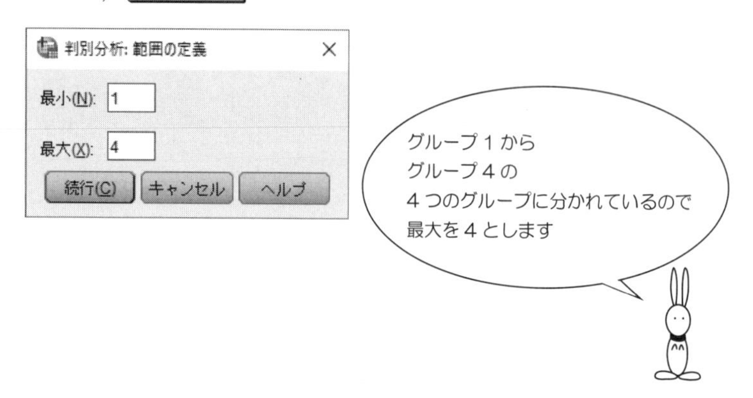

手順 **5**　すると，グループ化変数(G) のところが，次のようになります．

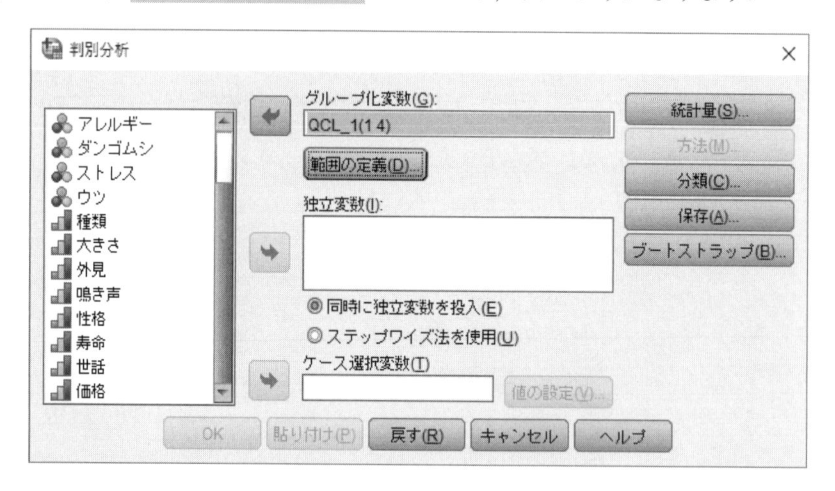

手順 6　次に，6 つの質問項目

　　種類　　大きさ　　外見

　　鳴き声　性格　　寿命

を，**独立変数(I)** のワクの中へ移動.

手順 7　こんどは，**統計量(S)** をクリック.

現れた画面の **関数係数** の **□標準化されていない(U)** にチェックをして，

続行(C) をクリック.

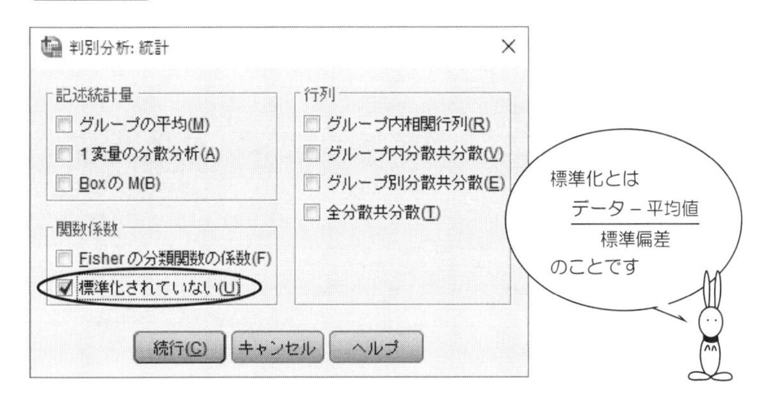

手順 8　手順６の画面にもどったら，［保存(A)］をクリックして，

□判別得点(D) をチェックし，［続行(C)］.

判別分析: 保存

☐ 予測された所属グループ(P)

☑ 判別得点(D)

☐ 所属グループの事後確率(R)

モデル情報を XML ファイルにエクスポート

参照(B)...

続行(C)　キャンセル　ヘルプ

手順 9　手順６の画面にもどったら，［分類(C)］をクリックします.

作図 のなかの□結合されたグループ(O) をチェック.

そして，［続行(C)］.

手順６の画面にもどったら，あとは，［OK］ボタンをクリック！

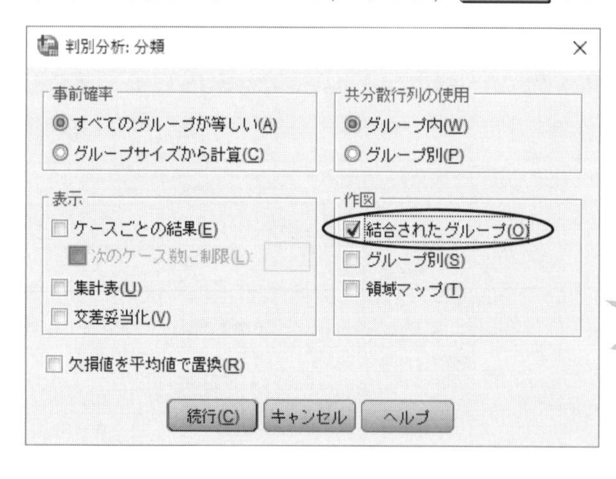

【SPSS による出力と結果の読み取り方・その 1】

標準化された正準判別関数係数

	関数 1	関数 2	関数 3
種類	.449	-.085	.691
大きさ	.515	.374	-.459
外見	-.240	.604	.299
鳴き声	.175	-.124	.262
性格	-.363	.241	.308
寿命	-.242	-.692	.385

標準化された判別関数の係数の絶対値の大きい項目が，
判別に寄与している項目です．

関数 1 の係数を見ると

{ 【種類】【大きさ】【性格】 }

の質問項目が大きいことがわかります．

固有値

関数	固有値	分散の %	累積 %	正準相関
1	7.382[a]	87.3	87.3	.938
2	.838[a]	9.9	97.2	.675
3	.233[a]	2.8	100.0	.435

関数 1 の固有値のパーセントが 87.3％なので，
3 つの関数のうち，関数 1 が
ほとんどの情報量を持っていることがわかります．

【SPSS による出力と結果の読み取り方・その 2】

正準判別関数係数

	関数		
	1	2	3
種類	.827	-.157	1.272
大きさ	.991	.720	-.884
外見	-.371	.934	.462
鳴き声	.272	-.193	.408
性格	-.556	.369	.473
寿命	-.349	-.999	.556
(定数)	-1.119	-2.345	-5.668

非標準化係数

	QCL_1	Dis1_1	Dis2_1	Dis3_1
1	1	5.40832	-.19172	-.52225
2	2	-2.85806	-1.06158	-.40107
3	3	3.01166	2.39575	-.80518
4	2	-3.78503	.24172	.53350
5	2	-3.43561	1.24062	-.02229
6	2	-2.33655	.89075	1.65711
7	3	-.00529	3.32916	-.66623
8	4	-.86834	.45460	2.60083
9	2	-3.43561	1.24062	-.02229
10	3	2.29310	1.48312	.48629
11	2	-3.51268	.04885	.94119
12	3	2.39136	.74170	-.38330
13	1	5.40832	-.19172	-.52225
14	2	-2.58570	-1.25445	.00662
15	2	-1.95228	-.43169	-1.42953
16	4	-.41866	.30720	-.16124
17	1	2.94772	.37269	-.85597
18	2	-2.50864	-.06268	-.95686
19	2	-2.02935	-1.62346	-.46605
20	1	3.22007	.17982	-.44828
21	2	-1.58166	-1.36598	-1.89143

↑
判別関数 1 の判別得点

【SPSS による出力と結果の読み取り方・その 3】

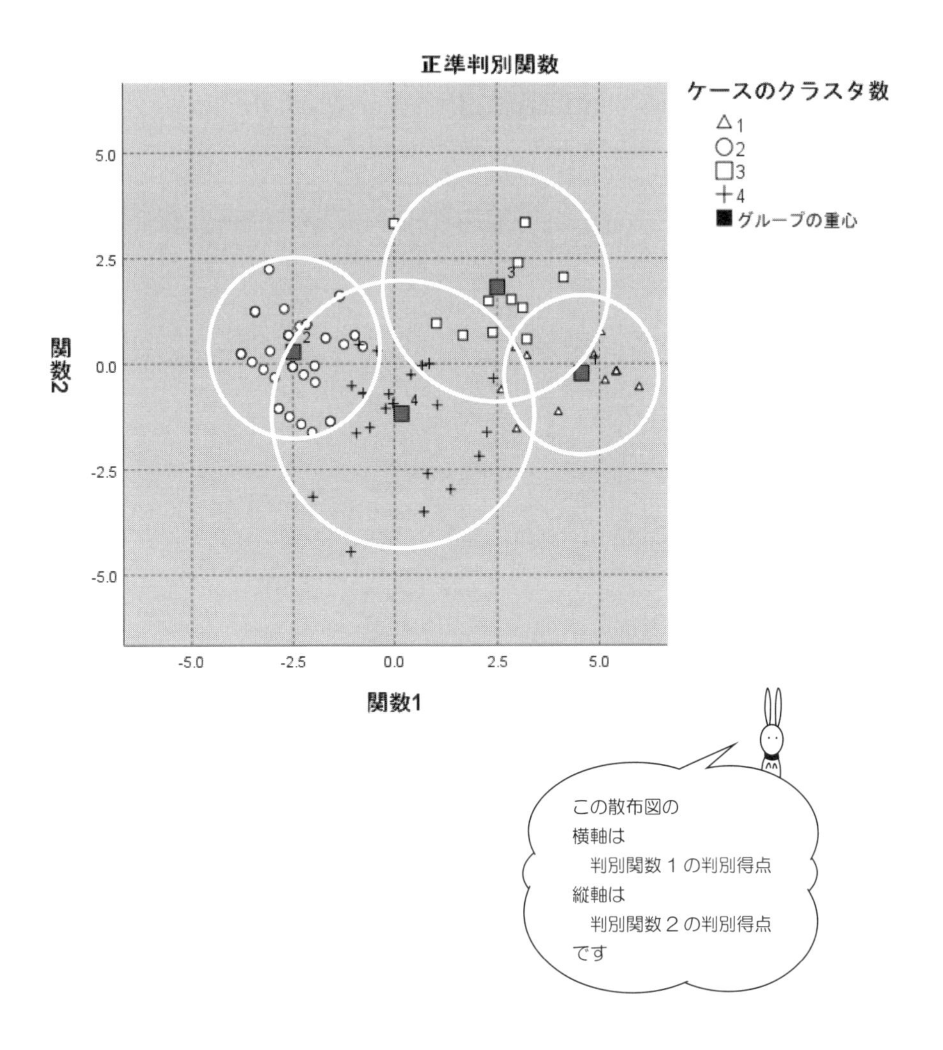

Section 11.3 グループごとの重要項目を探そう

手順 1　p.219 の手順 6 で，統計量(S) をクリックします．

手順 2　次の画面になったら，記述統計量 の

□グループの平均(M)

をチェックしましょう．

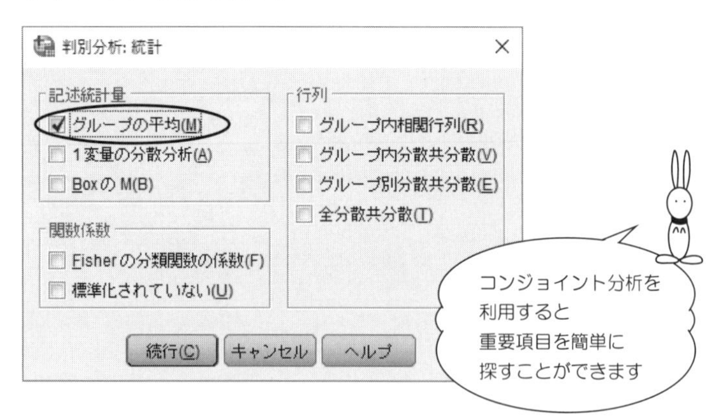

手順 **3**　続いて，関数係数 の

□Fisher の分類関数の係数(F)

をチェックしましょう．

そして，続行(C)．

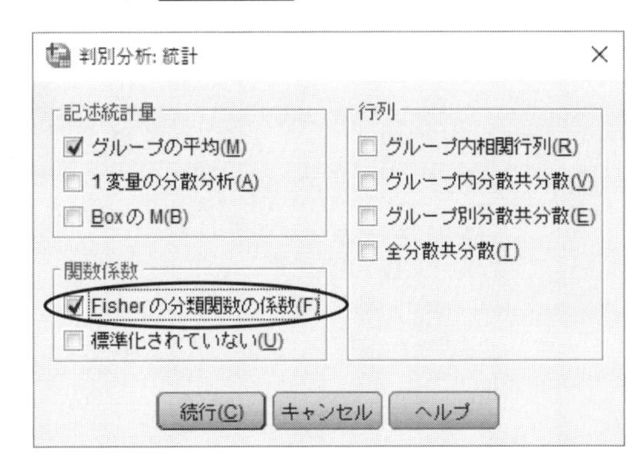

手順 **4**　次の画面にもどったら，OK ボタンをクリック！

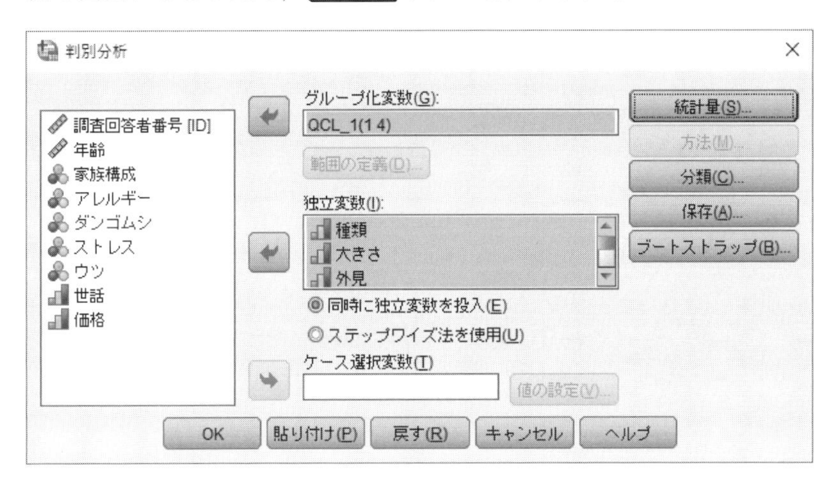

【SPSS による出力・その 1】—— 平均値 ——

ケースのクラスタ数		平均値
1	種類	3.65
	大きさ	3.65
	外見	1.35
	鳴き声	3.59
	性格	1.82
	寿命	1.18
2	種類	1.20
	大きさ	1.16
	外見	3.42
	鳴き声	1.38
	性格	3.33
	寿命	2.18
3	種類	3.42
	大きさ	3.25
	外見	3.08
	鳴き声	3.33
	性格	3.25
	寿命	1.08
4	種類	2.42
	大きさ	1.92
	外見	2.42
	鳴き声	2.38
	性格	2.62
	寿命	2.62
合計	種類	2.20
	大きさ	2.03
	外見	2.77
	鳴き声	2.25
	性格	2.88
	寿命	1.99

合計の平均値

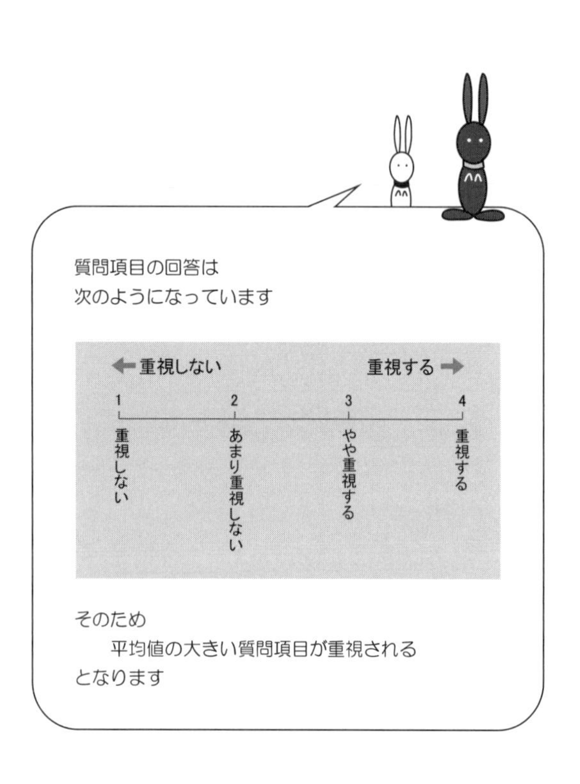

【出力結果の読み取り方・その1】

平均値でみるグループ１の重要項目

６つの質問項目のうち，平均値が合計の平均値より大きい質問項目は

{ 【種類】【大きさ】【鳴き声】 }

となっています.

この３つの質問項目が，グループ１の重要項目のようです.

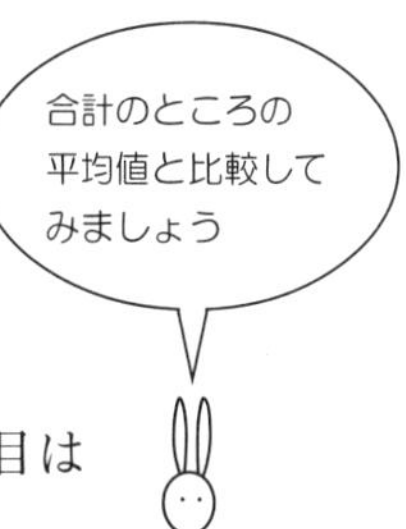

平均値でみるグループ２の重要項目

６つの質問項目のうち，平均値が合計の平均値より大きい質問項目は

{ 【外見】【性格】 }

です.

この２つの質問項目が，グループ２の重要項目です.

平均値でみるグループ３の重要項目

グループ３では【寿命】以外が，合計の平均値より大きい値になっています.

平均値でみるグループ４の重要項目

このグループでは，ほとんどの質問項目の平均値が
合計の平均値に近い値となっています.

【SPSS による出力・その 2】—— フィッシャーの分類関数 ——

分類関数係数

	ケースのクラスタ数			
	1	2	3	4
種類	6.316	.934	6.046	4.295
大きさ	8.196	1.208	6.408	2.144
外見	2.354	5.633	5.653	3.610
鳴き声	3.989	2.140	3.598	3.447
性格	.942	5.248	3.487	3.569
寿命	1.515	3.703	.965	4.646
(定数)	-38.349	-26.536	-43.029	-27.877

Fisher の線型判別関数

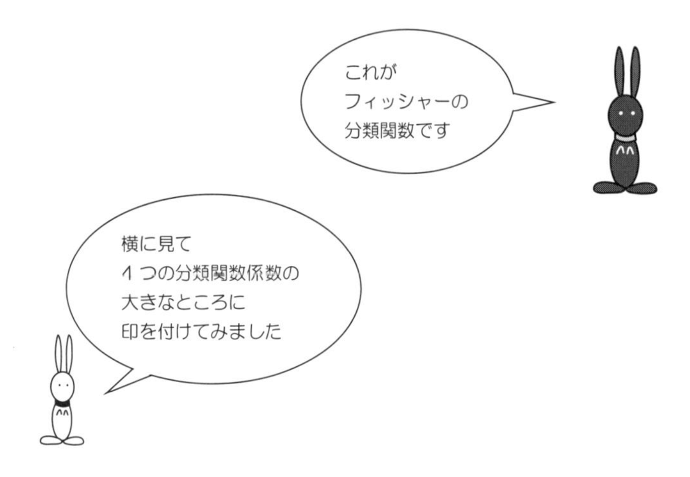

【出力結果の読み取り方・その2】

分類関数によるグループ1の重要項目

4つの分類関数の中で，グループ1の係数が大きい質問項目は

｛ 【種類】【大きさ】 ｝

なので，この2つが重要項目です．

分類関数によるグループ2の重要項目

4つの分類関数の中で，グループ2の係数が大きい質問項目は

｛ 【外見】【性格】 ｝

なので，この2つの質問項目が重要項目です．

分類関数によるグループ3の重要項目

4つの分類関数の中で，グループ3の係数が大きい質問項目は

｛ 【種類】【大きさ】【外見】 ｝

なので，この3つが重要項目です．

分類関数によるグループ4の重要項目

4つの分類関数の中で，グループ4の係数が大きい質問項目は．

｛ 【寿命】 ｝

です．

演　習

11

【11.1】　10 章の演習で，主成分得点を使って 4 つのクラスターに分類しました．

その 4 つのグループを使って判別分析をしてください．

どの項目が判別に寄与していると考えられますか？

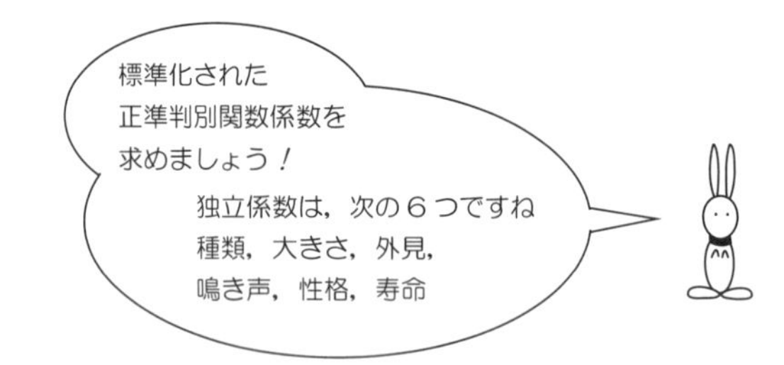

【11.2】　4 つのグループにおいて，それぞれどの質問項目が重要と考えられますか？

解答

【11.1】　**標準化された正準判別関数係数**

	関数		
	1	2	3
種類	-.254	.093	-1.066
大きさ	-.359	-.035	1.585
外見	.511	-.044	.037
鳴き声	.182	-.348	-.102
性格	.686	-.368	.162
寿命	.021	.910	.359

【11.2】　**分類関数係数**

	ケースのクラスタ数			
	1	2	3	4
種類	.277	.140	.470	-1.160
大きさ	3.470	1.185	.251	.746
外見	4.061	6.498	6.723	8.794
鳴き声	2.858	2.615	3.777	3.910
性格	5.150	7.460	9.329	12.327
寿命	3.242	6.547	2.255	3.838
(定数)	-22.696	-32.106	-30.605	-47.379

Fisher の線型判別関数

12章 ロジスティック回帰分析で予測確率を計算してみよう

Section 12.1 アンケート調査で知りたいことは，なに？

知りたいことは……

調査回答者がウツになるかどうかを
予測したいのですが……

項目 1.1 【年齢】は？ □ 歳

項目 1.2 【家族構成】は？

1. 一人暮らし　2. 親と同居　3. 夫婦二人
4. 子供あり　5. その他

項目 1.3 【アレルギー】は？ 1. ある　2. ない

項目 1.4 【ダンゴムシ】は？ 1. ある　2. ない

項目 1.5 【ストレス】は？ 1. ある　2. ない

項目 1.6 【ウツ】は？ 1. ある　2. ない

このようなときは……

このようなときは，ロジスティック回帰分析をしてみよう．

ロジスティック回帰分析とは，次の式を求めることから始まります．

$$\log \frac{y}{1-y} = b_1 \times x_1 + b_2 \times x_2 + \cdots + b_p \times x_p + b_0$$

ロジスティック回帰分析をすると，

$$\begin{cases} b_1 = \quad 0.180 \\ b_2 = -1.200 \\ b_3 = -2.078 \\ \quad \vdots \\ b_0 = -4.626 \end{cases}$$

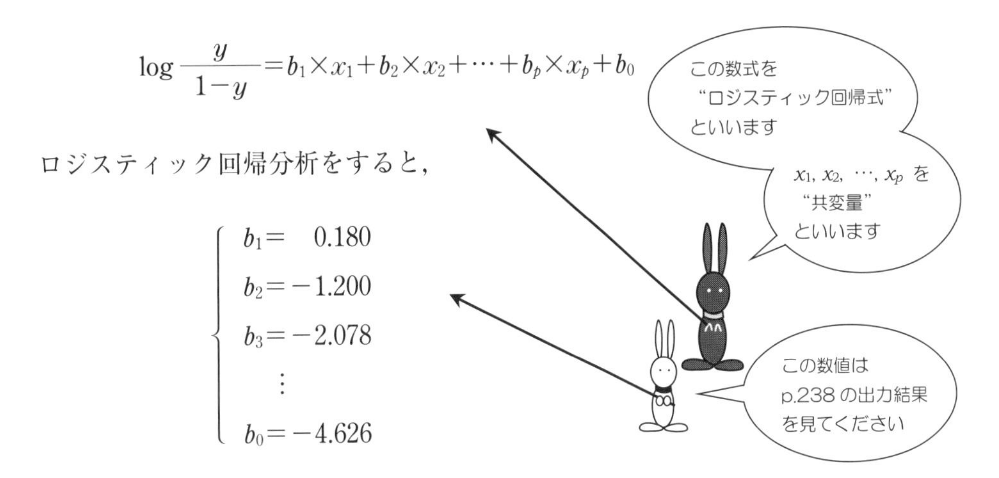

のように，係数 b_1，b_2，…，b_p と定数項 b_0 が求まるので，
ロジスティック回帰式は

$$\log \frac{y}{1-y} = \boxed{0.180} \times x_1 + \boxed{-1.200} \times x_2 + \boxed{-2.078} \times x_3 + \cdots + \boxed{-4.626}$$

となります．

そして，この式を使って，調査回答者がウツになるかどうかの

“予測確率”

を計算することができます．

Section 12.2 ロジスティック回帰分析をしてみよう

従属変数を

【ウツ】

共変量を

【年齢】【家族構成】【アレルギー】
【ダンゴムシ】【ストレス】

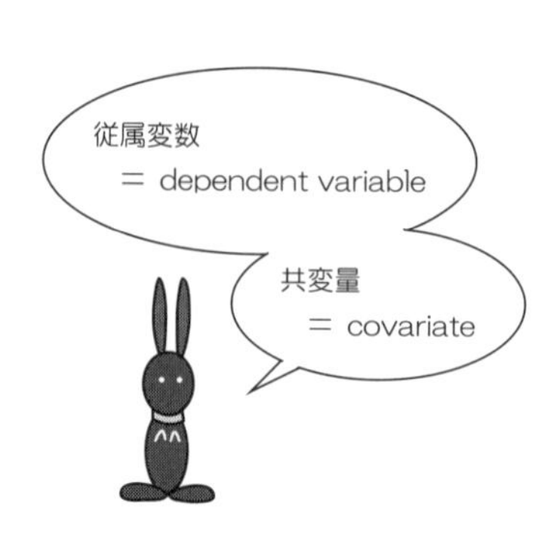

として，ロジスティック回帰分析をしてみましょう．

すると，

【ウツ】の予測確率

を計算することができます．

手順 1 データを用意します．

	ID	年齢	家族構成	アレルギー	ダンゴムシ	ストレス	ウツ	種類	大きさ	外見	鳴き声	性格	寿命	世話	価格
1	1	29	1	2	2	2	2	4	4	1	4	2	1	1	1
2	2	29	4	2	1	1	2	1	1	3	1	3	3	3	3
3	3	29	1	1	2	2	2	3	4	3	3	3	1	1	2
4	4	37	3	2	1	1	1	1	1	4	1	4	3	4	4
5	5	31	1	1	1	1	1	1	1	4	1	4	2	3	4
6	6	33	3	2	2	1	1	2	1	4	2	4	2	3	3
7	7	30	4	2	2	2	2	2	3	4	2	4	1	3	2
8	8	35	1	2	2	2	1	3	2	4	2	4	3	4	3
9	9	34	2	1	2	1	1	1	1	4	1	4	2	4	4
10	10	[illegible]	[illegible]	1	2	1	2	3	3	[illegible]	[illegible]	[illegible]	1	4	3
11	11	[illegible]	[illegible]	[illegible]	1	1	1	1	[illegible]	[illegible]	[illegible]	[illegible]	[illegible]	3	4
12	[illegible]	[illegible]	[illegible]	[illegible]	2	2	1	3	[illegible]	[illegible]	[illegible]	[illegible]	[illegible]	3	2
13	[illegible]	[illegible]	[illegible]	[illegible]	2	2	2	[illegible]	[illegible]	[illegible]	[illegible]	[illegible]	[illegible]	1	1
14	[illegible]	[illegible]	[illegible]	[illegible]	[illegible]	1	1	[illegible]	[illegible]	[illegible]	[illegible]	[illegible]	[illegible]	[illegible]	4
15	[illegible]	[illegible]	[illegible]	[illegible]	[illegible]	2	1	[illegible]	[illegible]	[illegible]	[illegible]	[illegible]	[illegible]	4	4
16	[illegible]	[illegible]	[illegible]	[illegible]	[illegible]	2	2	[illegible]	[illegible]	[illegible]	[illegible]	[illegible]	[illegible]	[illegible]	2
17	[illegible]	[illegible]	[illegible]	[illegible]	[illegible]	2	2	[illegible]	[illegible]	[illegible]	[illegible]	[illegible]	[illegible]	[illegible]	2
18	[illegible]	[illegible]	[illegible]	[illegible]	[illegible]	1	1	[illegible]	[illegible]	[illegible]	[illegible]	[illegible]	[illegible]	[illegible]	4
19	[illegible]	[illegible]	[illegible]	[illegible]	[illegible]	1	2	[illegible]	[illegible]	[illegible]	[illegible]	[illegible]	[illegible]	[illegible]	4
20	[illegible]	[illegible]	[illegible]	[illegible]	2	2	2	[illegible]	[illegible]	[illegible]	[illegible]	[illegible]	[illegible]	[illegible]	2
21	[illegible]	[illegible]	[illegible]	[illegible]	2	1	1	[illegible]	[illegible]	[illegible]	[illegible]	[illegible]	[illegible]	[illegible]	4
22	22	[illegible]	[illegible]	[illegible]	1	2	2	[illegible]	[illegible]	[illegible]	[illegible]	[illegible]	[illegible]	[illegible]	1
23	23	27	[illegible]	2	2	2	1	3	[illegible]	[illegible]	[illegible]	[illegible]	[illegible]	[illegible]	2
24	24	39	1	1	2	1	2	3	[illegible]	[illegible]	[illegible]	[illegible]	[illegible]	[illegible]	4
25	25	37	3	1	1	2	2	1	[illegible]	[illegible]	[illegible]	[illegible]	[illegible]	[illegible]	4

このデータの場合
“ウツ　ある”＝1
“ウツ　ない”＝2
なので
ウツにならない予測確率
が求まります

ウツになる予測確率
を求めたいときには
“ウツ　ある”＝1
“ウツ　ない”＝0
または
“ウツ　ある”＝2
“ウツ　ない”＝1
のように大小関係を逆にします

手順 2　分析(A) をクリックして，メニューの中から 回帰(R) を，続いて， 二項ロジスティック(G) を選択.

手順 3　ウツを 従属変数(D) のワクの中へ移動.

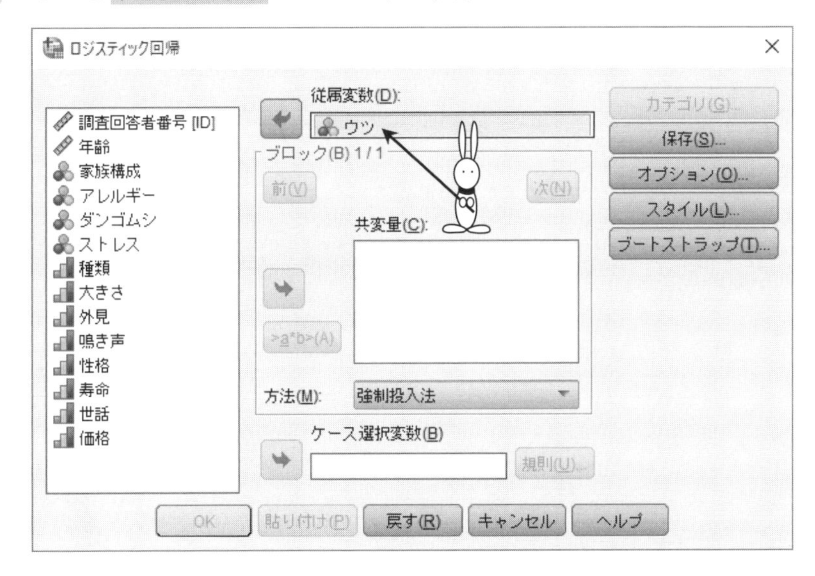

手順 **4**　続いて，5 つの質問項目

　　年齢　家族構成　アレルギー　ダンゴムシ　ストレス

を 共変量(C) のワクの中へ移動．

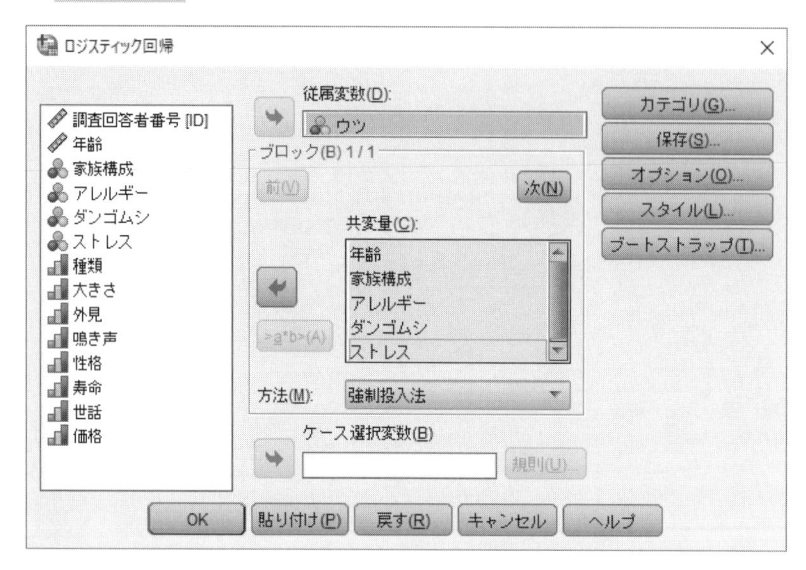

手順 **5**　カテゴリ(G) をクリックして，カテゴリ共変量(T) の中へ

　　家族構成　アレルギー　ダンゴムシ　ストレス

を移動します．

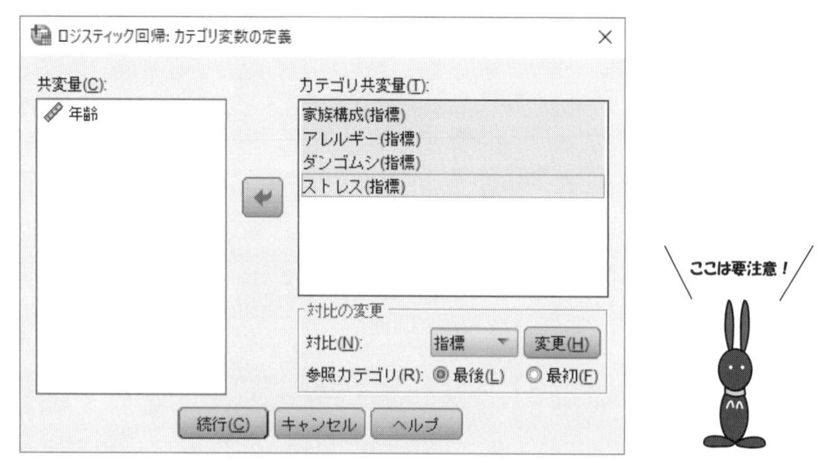

手順 6　家族構成をクリックして，次のようになれば続行.

参照カテゴリ(R) を ◯最初(F) とし， 変更(H) をクリック.

手順 4 の画面にもどったら， 保存(S) をクリック.

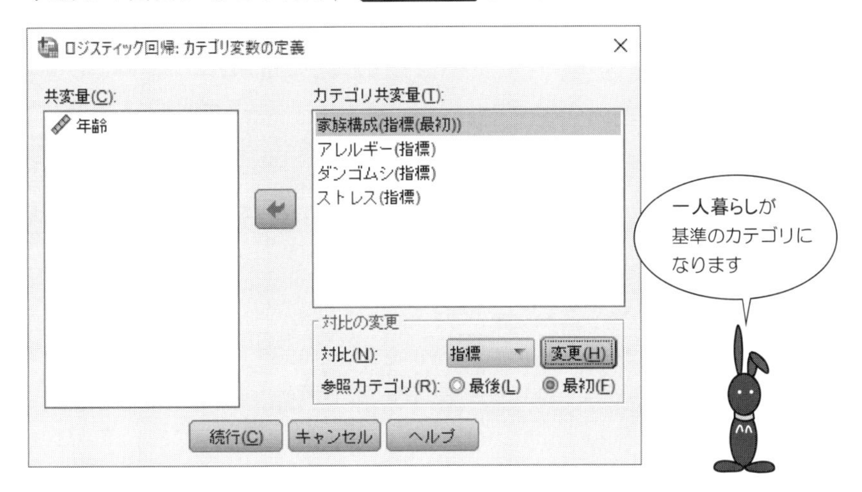

手順 7　予測値 のところの □確率(P) をチェックして， 続行 .

あとは， OK ボタンをクリック！

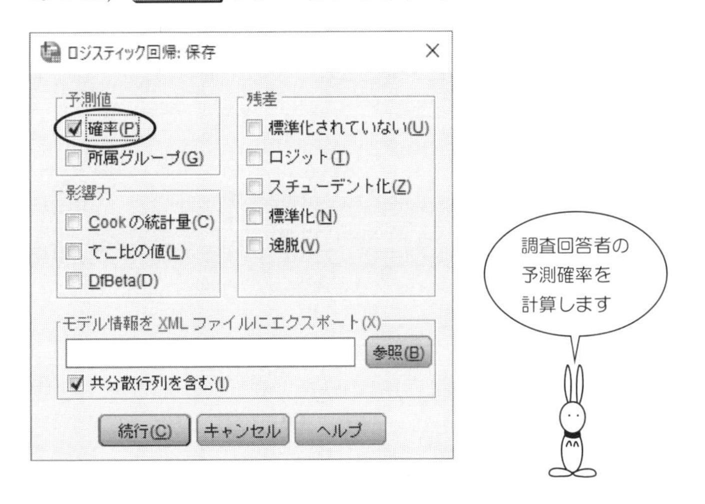

【SPSS による出力と結果の読み取り方・その 1】—— ロジスティック回帰式 ——

従属変数のエンコード

元の値	内部値
ある	0
ない	1

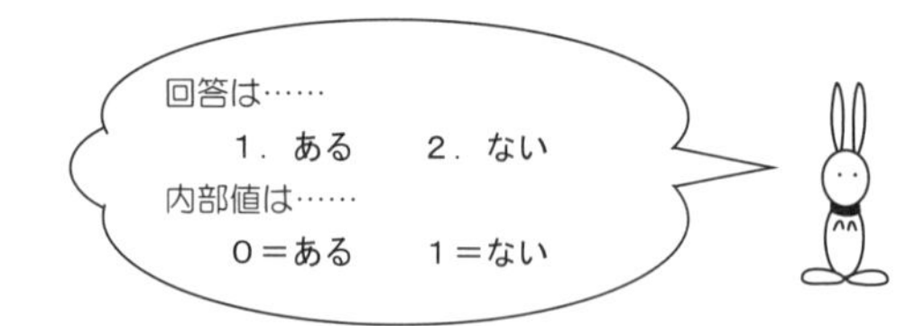

方程式中の変数

		B	標準誤差	Wald	自由度	有意確率	Exp(B)
ステップ 1[a]	年齢	.180	.070	6.674	1	.010	1.197
	家族構成			11.035	4	.026	
	家族構成(1)	-1.200	1.130	1.127	1	.288	.301
	家族構成(2)	-2.078	1.026	4.100	1	.043	.125
	家族構成(3)	1.597	.746	4.581	1	.032	4.937
	家族構成(4)	.743	1.121	.439	1	.508	2.102
	アレルギー(1)	-.493	.544	.823	1	.364	.611
	ダンゴムシ(1)	.433	.527	.675	1	.411	1.542
	ストレス(1)	-2.301	.598	14.813	1	.000	.100
	定数	-4.626	2.153	4.618	1	.032	.010

a. ステップ 1: 投入された変数 年齢, 家族構成, アレルギー, ダンゴムシ, ストレス

★要注意 その 1★

方程式中の変数

		B	標準誤差	Wald	自由度	有意確率	Exp(B)
ステップ 1[a]	年齢	-.180	.070	[illegible]	[illegible]	[illegible]	.835
	家族構成			[illegible]	[illegible]	[illegible]	
	家族構成(1)	1.200	1.130	[illegible]	[illegible]	[illegible]	3.319
	家族構成(2)	2.078	1.026	[illegible]	[illegible]	[illegible]	7.989
	家族構成(3)	-1.597	.746	[illegible]	[illegible]	[illegible]	.203
	家族構成(4)	-.743	1.121	[illegible]	[illegible]	[illegible]	.476
	アレルギー(1)	.493	.544	[illegible]	[illegible]	[illegible]	1.637
	ダンゴムシ(1)	-.433	.527	.675	1	.411	.648
	ストレス(1)	2.301	.598	14.813	1	.000	9.981
	定数	4.626	2.153	4.618	1	.032	[illegible]2.152

a. ステップ 1: 投入された変数 年齢, 家族構成, アレルギー, ダンゴムシ, ストレス

従属変数のエンコード

元の値	内部値
ない	0
ある	1

係数に注目！！

【SPSS による出力と結果の読み取り方・その 2】 —— 予測確率 ——

	ウツ	PRE_1
1	2	.64391
2	2	.57976
3	2	.52483
4	1	.12859
5	1	.19653
6	1	.04451
7	2	.91445
8	1	.84186
9	1	.07577
10	2	.24573
11	1	.19653

No.5 の調査回答者の
ウツにならない予測確率は
19.7%です

従属変数のエンコード
0 ある
1 ない
0.19653

★要注意 その2★

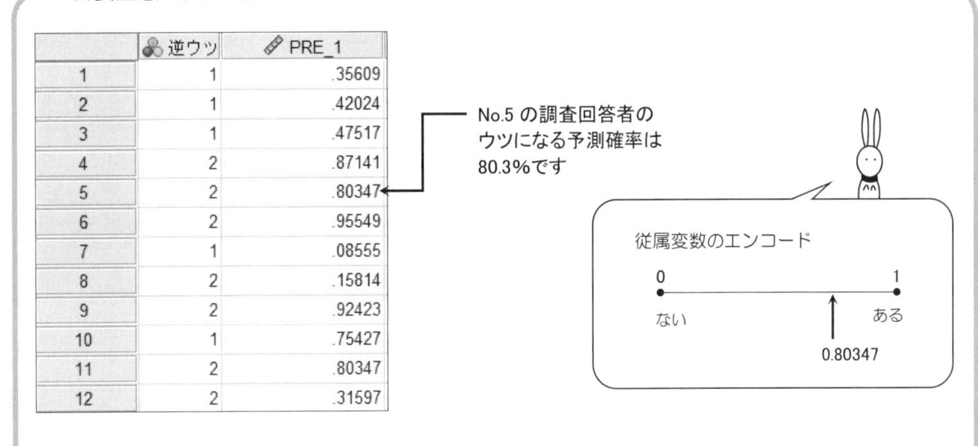

	逆ウツ	PRE_1
1	1	.35609
2	1	.42024
3	1	.47517
4	2	.87141
5	2	.80347
6	2	.95549
7	1	.08555
8	2	.15814
9	2	.92423
10	1	.75427
11	2	.80347
12	2	.31597

回答を

1. ない　　　2. ある

とすると，内部値の対応が逆になり，
係数のプラス・マイナスも逆転します．

演　習

12

【12.1】　ダンゴムシを飼育したことのあるグループに対して，
ロジスティック回帰分析をおこない，
ウツにならない予測確率を求めてください．
　ただし，

従属変数 … ウツ
共変量　 … 年齢，家族構成，アレルギー，ストレス

とします．

【12.2】　ダンゴムシを飼育したことのないグループに対して，
ロジスティック回帰分析をおこない，
ウツにならない予測確率を求めてください．
　ただし，

従属変数 … ウツ
共変量　 … 年齢，家族構成，アレルギー，ストレス

とします．

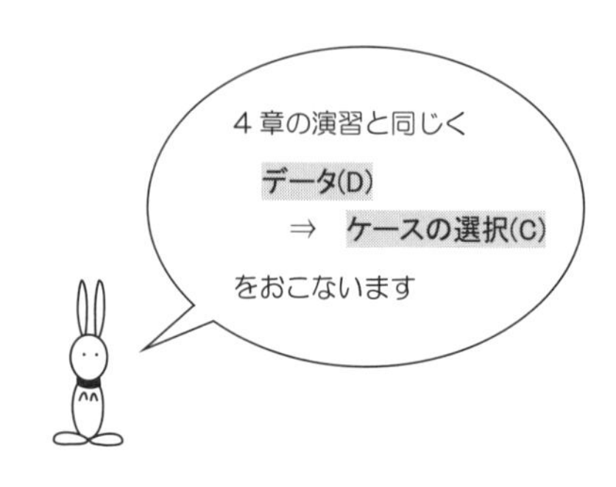

解答

【12.1】

	ID	filter_$	PRE_1
1	1	0	.
2	2	1	.70507
3	3	0	.
4	4	1	.15447
5	5	1	.11757
6	6	0	.
7	7	0	.
8	8	0	.
9	9	0	.
10	10	0	.
11	11	1	.11757
12	12	0	.
13	13	0	.
14	14	0	.
15	15	1	.22841
16	16	1	.93690
17	17	0	.
18	18	0	.
19	19	1	.76744
20	20	0	.
21	21	0	.
22	22	1	.84245
23	23	0	.
24	24	0	.
25	25	1	.66298
26	26	1	.60858
27	27	1	.40038

↑

ダンゴムシを
飼育したことのある
グループ

【12.2】

	ID	filter_$	PRE_1
1	1	1	.72811
2	2	0	.
3	3	1	.73793
4	4	0	.
5	5	0	.
6	6	1	.00000
7	7	1	.75121
8	8	1	.80464
9	9	1	.09372
10	10	1	.24932
11	11	0	.
12	12	1	.74208
13	13	1	.84586
14	14	1	.16736
15	15	0	.
16	16	0	.
17	17	1	.84277
18	18	1	.21485
19	19	0	.
20	20	1	.79311
21	21	1	.18475
22	22	0	.
23	23	1	.00000
24	24	1	.30677
25	25	0	.
26	26	0	.
27	27	0	.

↑

ダンゴムシを
飼育したことのない
グループ

"将来ウツにならない"
という予測確率を
計算していることに
注意！

13章 一歩進んだ カテゴリカルデータ分析

Section 13.1 データの種類とカテゴリカルデータ

データの種類は大きく分けて，次の3通りになります．

- 数値データ
- 順序データ
- 名義データ

例1. 数値データ

例
項目：　あなたの身長は何 cm ですか？
答：　(　　　　　) cm

例2. 順序データ

例
項目：　あなたは，赤ワインが好きですか？
答：　1. 好き　　2. かなり好き　　3. 大好き

例3. 名義データ

例
項目：　あなたの食事のタイプは？
答：　1. 草食系　　2. 肉食系

次のように，全体がいくつかの部分に分かれているとき，
それぞれの部分をカテゴリといいます．

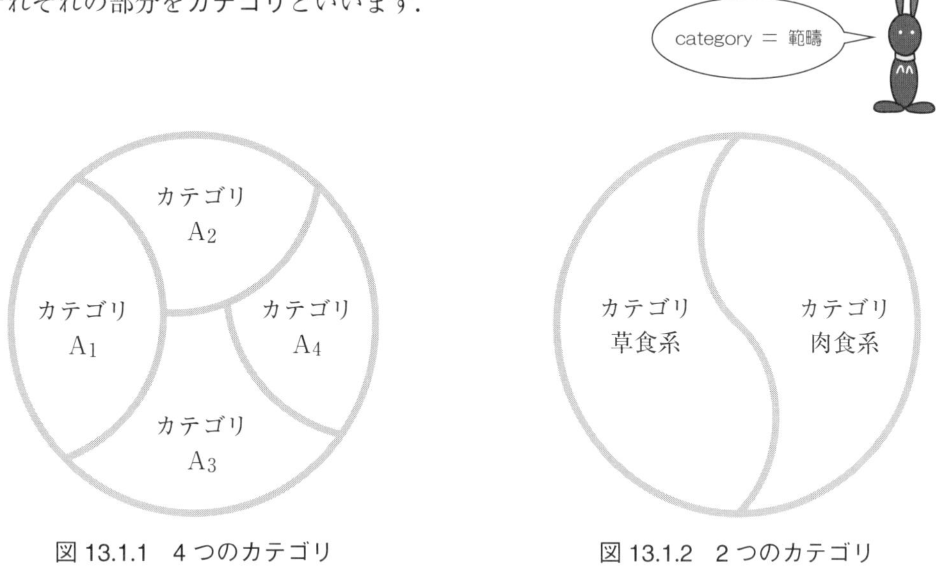

図 13.1.1　4 つのカテゴリ

図 13.1.2　2 つのカテゴリ

このように，いくつかのカテゴリから構成されているデータを

“カテゴリカルデータ”

といいます．

したがって，

“アンケート調査の回答は，カテゴリカルデータの場合が多い”

ということがわかります！

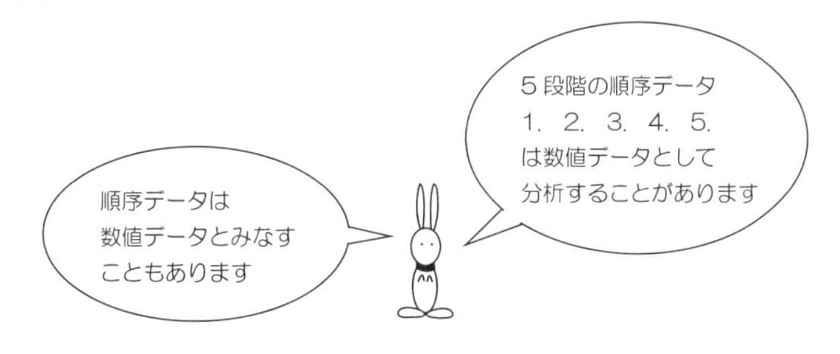

【ダミー変数】

【食事のタイプ】のような変数の場合，データを文字型で入力すると計算ができません．

このようなときは，ダミー変数を利用しましょう．

例 1.　2 つのカテゴリの場合

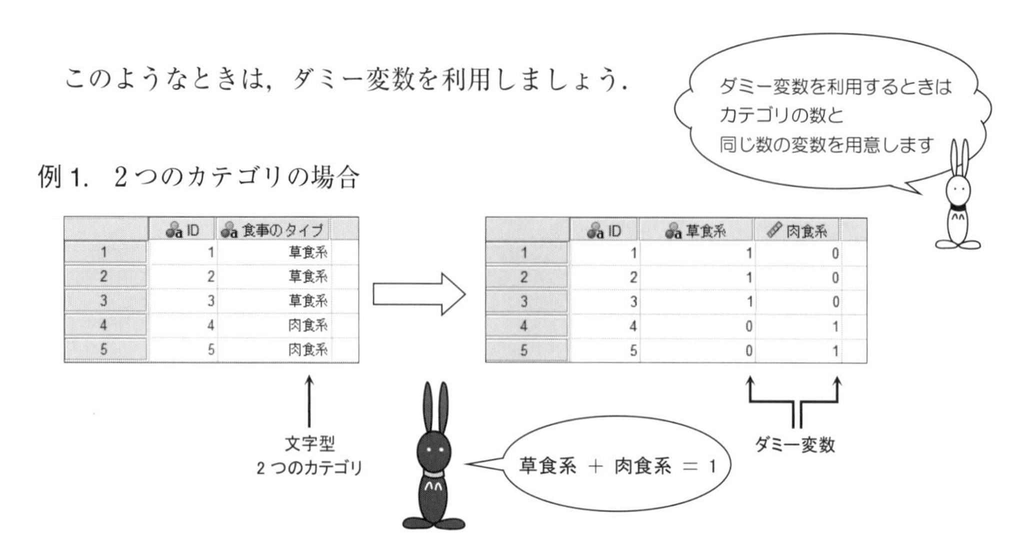

	ID	食事のタイプ
1	1	草食系
2	2	草食系
3	3	草食系
4	4	肉食系
5	5	肉食系

	ID	草食系	肉食系
1	1	1	0
2	2	1	0
3	3	1	0
4	4	0	1
5	5	0	1

例 2.　3 つのカテゴリの場合

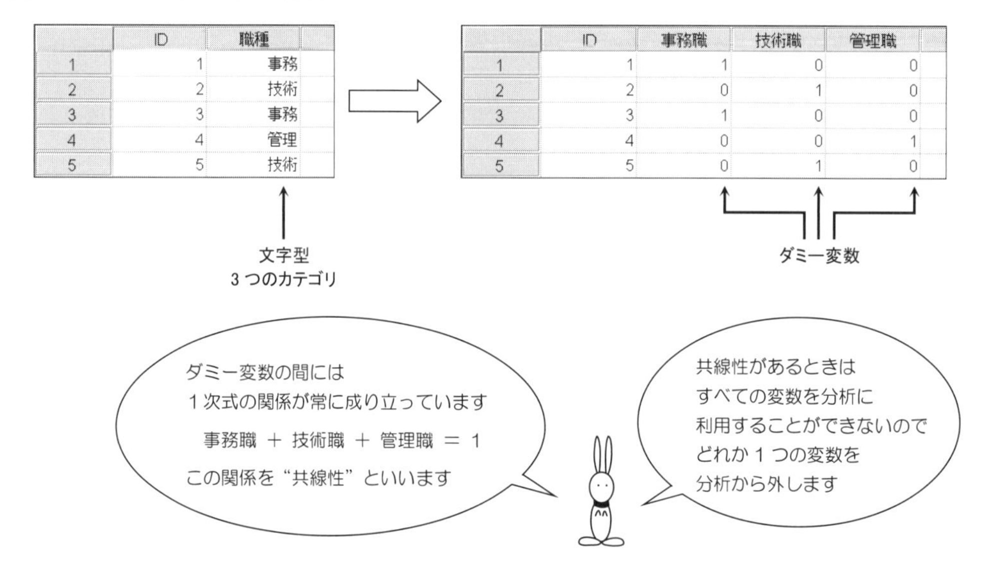

	ID	職種
1	1	事務
2	2	技術
3	3	事務
4	4	管理
5	5	技術

	ID	事務職	技術職	管理職
1	1	1	0	0
2	2	0	1	0
3	3	1	0	0
4	4	0	0	1
5	5	0	1	0

Section 13.2 いろいろなカテゴリカルデータの分析方法

SPSSには，次のようなカテゴリカルデータ分析が用意されています．

- 順序回帰分析 ☞ p.246
- カテゴリカル回帰分析
- カテゴリカル主成分分析
- 多重応答分析 ☞ p.248
- コレスポンデンス分析 ☞ p.142

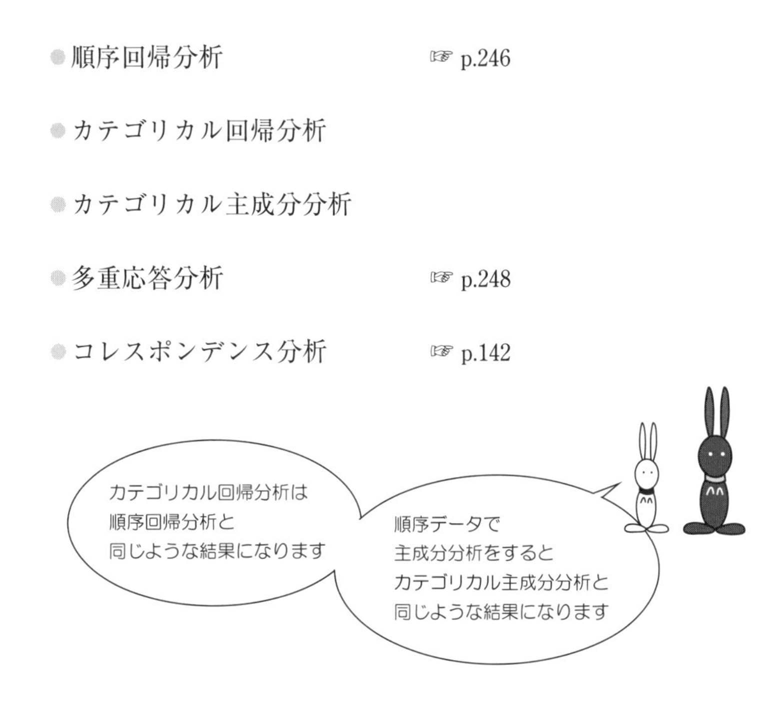

カテゴリカルデータ分析では
最適尺度法
を使ってカテゴリカルデータを数値化しています．

■順序回帰分析

順序回帰分析のイメージを図示すると，次のようになります．

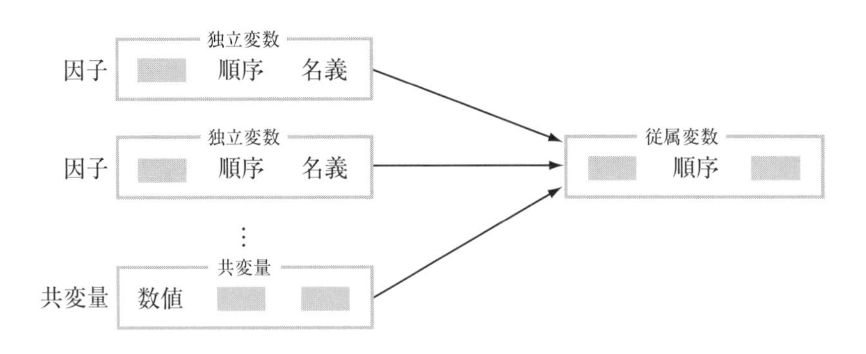

図 13.2.1　順序回帰分析のイメージ

【順序回帰分析の例】

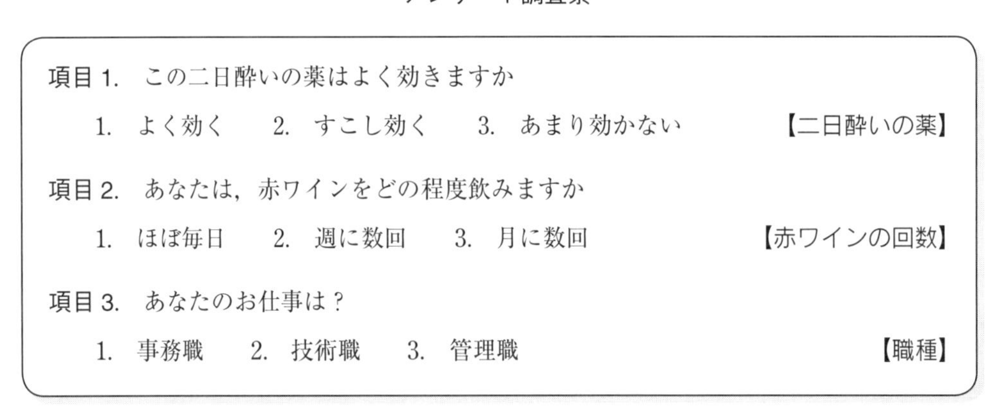

アンケート調査票

項目 1.　この二日酔いの薬はよく効きますか

1.　よく効く　　2.　すこし効く　　3.　あまり効かない　　【二日酔いの薬】

項目 2.　あなたは，赤ワインをどの程度飲みますか

1.　ほぼ毎日　　2.　週に数回　　3.　月に数回　　【赤ワインの回数】

項目 3.　あなたのお仕事は？

1.　事務職　　2.　技術職　　3.　管理職　　【職種】

このアンケート調査で取り上げた3つの質問項目の場合，
次のような関係を調べることができます．

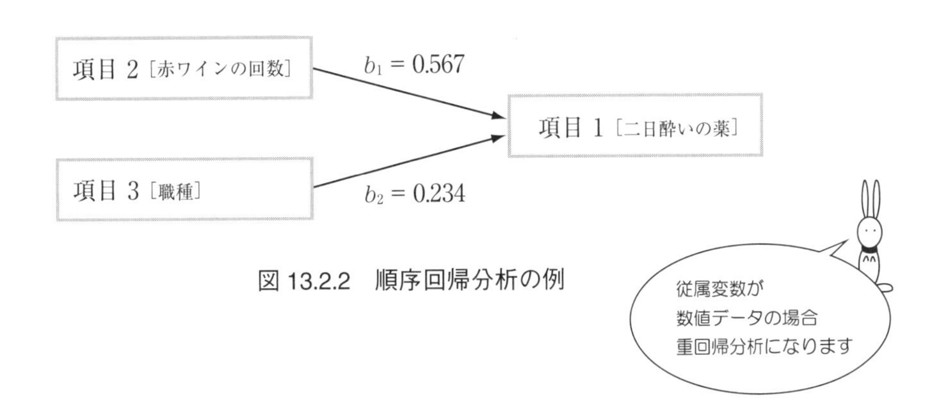

図 13.2.2　順序回帰分析の例

このことから……

“毎日赤ワインを飲んでいる人は
　　二日酔いの薬を飲んでもあまり効果がないのでは？”

とか……

“事務職で，週に数回赤ワインを飲んでいる人が
　　この二日酔いの薬を飲むとどの程度効くのか？”

といったことがわかります．

■多重応答分析

多重応答分析のイメージを図示すると，次のようになります．

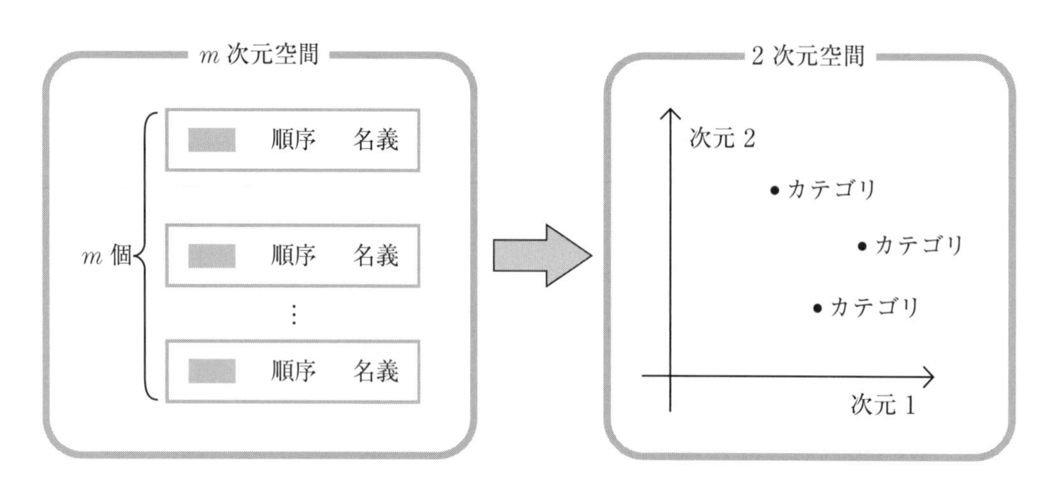

図 13.2.7　多重応答分析のイメージ

【多重応答分析の例】

アンケート調査票

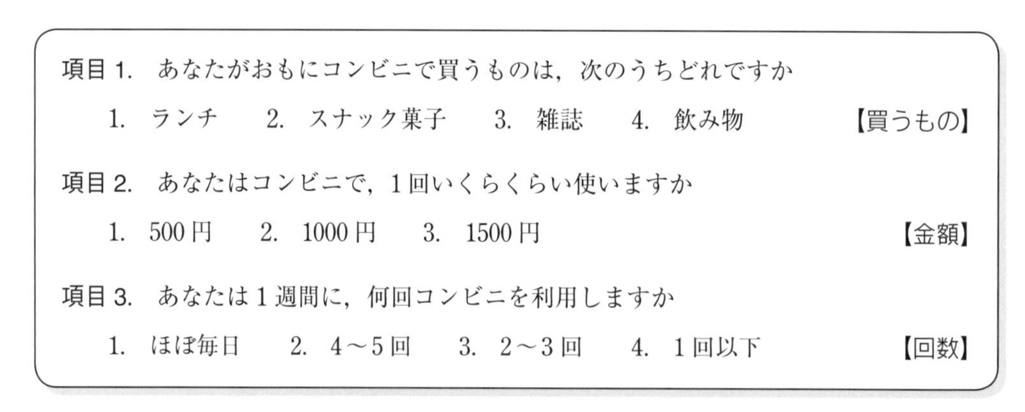

項目 1.　あなたがおもにコンビニで買うものは，次のうちどれですか

1.　ランチ　　2.　スナック菓子　　3.　雑誌　　4.　飲み物　　【買うもの】

項目 2.　あなたはコンビニで，1 回いくらくらい使いますか

1.　500 円　　2.　1000 円　　3.　1500 円　　【金額】

項目 3.　あなたは 1 週間に，何回コンビニを利用しますか

1.　ほぼ毎日　　2.　4～5 回　　3.　2～3 回　　4.　1 回以下　　【回数】

このアンケート調査で取り上げた3つの項目を，2次元空間にまとめます．

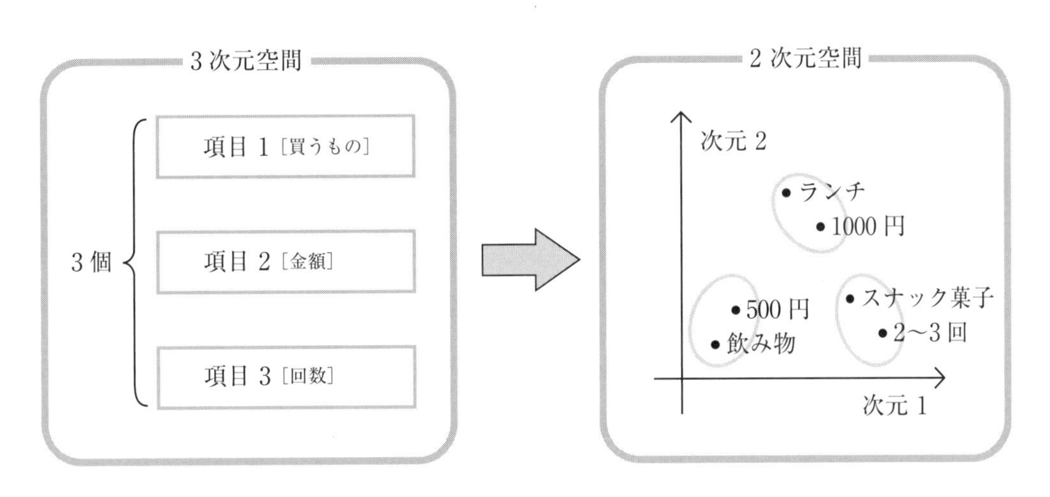

図 13.2.8　多重応答分析の例

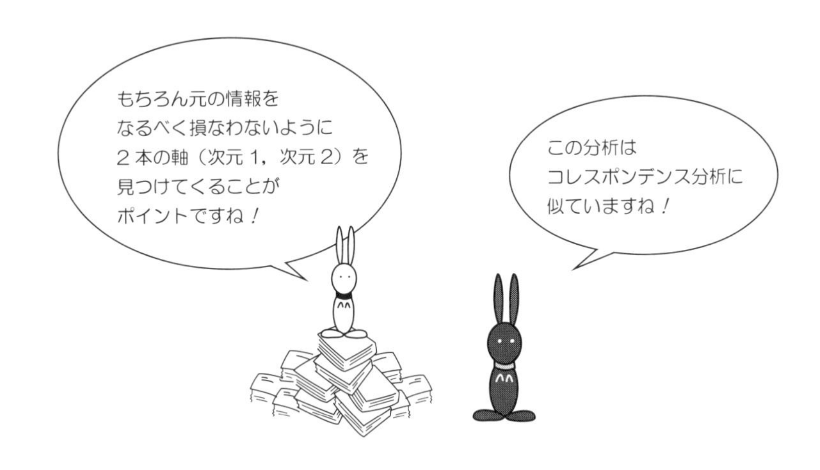

参　考　文　献

[1]『The Oxford Dictionary of Statistical Terms』(Yadolah Dodge, Oxford University Press, 2006)
[2]『因子分析法（第 2 版）』(芝　祐順，東京大学出版会，1979)
[3]『多変量解析法（改訂版）』(奥野忠一他，日科技連，1984)
[4]『因子分析法　その理論と方法』(柳井晴夫他，朝倉書店，1990)
[5]『よりよい社会調査をめざして』(井上文夫他，創元社，1995)
[6]『ガイドブック社会調査』(森岡清志，日本評論社，1998)
[7]『心理学マニュアル　質問紙法』(鎌原雅彦他編，北大路書房，1998)
[8]『社会調査へのアプローチ　論理と方法』(大谷信介他編，ミネルヴァ書房，1999)

●以下東京図書刊
[9]『SPSS 完全活用法　データの入力と加工　第 4 版』(酒井麻衣子，2016)
[10]『SPSS 完全活用法　データの視覚化とレポートの作成 (酒井麻衣子，2004)
[11]『SPSS 完全活用法　共分散構造分析（Amos）によるアンケート処理（第 2 版）』(田部井明美，2011)
[12]『すぐわかる統計用語の基礎知識』(石村貞夫他，2016)
[13]『すぐわかる統計処理の選び方』(石村貞夫他，2010)
[14]『入門はじめての統計解析』(石村貞夫，2006)
[15]『入門はじめての多変量解析』(石村貞夫他，2007)
[16]『入門はじめての分散分析と多重比較』(石村貞夫他，2008)
[17]『入門はじめての統計的推定と最尤法』(石村貞夫他，2010)
[18]『SPSS でやさしく学ぶ多変量解析（第 5 版）』(石村貞夫他，2015)
[19]『SPSS でやさしく学ぶ統計解析（第 6 版）』(石村貞夫他，2017)
[20]『SPSS による多変量データ解析の手順（第 5 版）』(石村貞夫他，2016)
[21]『SPSS による分散分析と多重比較の手順（第 5 版）』(石村貞夫他，2015)
[22]『SPSS による統計処理の手順（第 8 版）』(石村貞夫他，2018)
[23]『卒論・修論のためのアンケート調査と統計処理』(石村貞夫他，2017)

索　引

英　字

ア　行

カ　行

サ 行

タ　行

ナ　行

ハ　行

マ 行

ヤ 行

ラ 行

著者紹介

石村友二郎（いしむらゆうじろう）

2009年　東京理科大学理学部数学科卒業
2014年　早稲田大学大学院基幹理工学研究科数学応用数理学科
　　　　博士課程単位取得退学
現　在　文京学院大学　教学IRセンター　データ分析担当
　　　　修士（工学）

加藤千恵子（かとうちえこ）

1999年　東京大学大学院教育学研究科総合教育科学専攻
　　　　教育心理学コース修士課程修了
2007年　法政大学システムデザイン研究科システムデザイン専攻
　　　　博士号取得
現　在　東洋大学総合情報学部総合情報学科教授（心理学）
　　　　臨床心理士　専門社会調査士　博士（工学）

劉　晨（リュウ　チェン）

1994年　天津南開大学環境科学学科卒業
2001年　京都大学大学院情報学研究科社会情報学専攻博士号取得
現　在　公益財団法人地球環境戦略研究機関 研究員
　　　　博士（情報学）

監　修

石村貞夫（いしむらさだお）

1975年　早稲田大学理工学部数学科卒業
1977年　早稲田大学大学院理工学研究科数学専攻修了
現　在　石村統計コンサルタント代表
　　　　理学博士　統計アナリスト

SPSSでやさしく学ぶアンケート処理［第5版］

2003年5月26日　第1版第1刷発行　Printed in Japan
2007年9月25日　第2版第1刷発行
2011年11月25日　第3版第1刷発行
2015年1月25日　第4版第1刷発行
2022年5月10日　第5版第2刷発行

著　者　石　村　友二郎
加　藤　千恵子
劉　晨
監　修　石　村　貞　夫

発行所　東京図書株式会社

〒102-0072　東京都千代田区飯田橋3-11-19
振替　00140-4-13803　電話　03(3288)9461
http://www.tokyo-tosho.co.jp/

ISBN　978-4-489-02329-3